女人不独立，始终是猫咪

徐小婷◎著

廣東旅游出版社
GUANGDONG TRAVEL AND TOURISM PRESS
中国·广州

图书在版编目（CIP）数据

女人不独立，始终是猫咪 / 徐小婷著. -- 广州 : 广东旅游出版社，2016.1
ISBN 978-7-5570-0228-2

Ⅰ. ①女… Ⅱ. ①徐… Ⅲ. ①女性－人生哲学－通俗读物 Ⅳ. ①B821-49

中国版本图书馆 CIP 数据核字（2015）第 245060 号

出 版 人：刘志松
封面手绘：江 柳
策划编辑：蔡明熹
责任编辑：蔡明熹
48962491@qq.com
封面设计：刘红刚
版式设计：蔺 辉
责任技编：刘振华
责任校对：李瑞苑

女人不独立，始终是猫咪
nuren bu duli, shizhong shi maomi

广东旅游出版社出版发行
（广州市天河区五山路483号华南农业大学公共管理学院14号楼3楼 邮编：510642）
联系电话：020-87348243
印 刷：深圳市希望印务有限公司
（深圳市坂田吉华路505号 大丹工业园二楼）
开 本：965毫米×1280毫米 1/32
印 张：7
字 数：70千字
版 次：2016年1月第1版
印 次：2016年1月第1次印刷
印 数：1-5000册
定 价：32.00元

自序
PREFACE

没心机不如小心机

终于要写一本书，而且这本书还要是跟闺蜜说男人的坏话，我们称之为“闺蜜读物”。两性关系里面有一种杀伤性很强的武器，这种武器不露声色就改变了爱侣间的心思和态度，有时还充当了裁判的角色，但是这个裁判显然是无证上岗的，可还是有无数的男女折在这种武器手里，这种武器就叫闺蜜。

在此不久之前，我开了一间餐厅，因为人缘好和社交活动多，很多朋友来捧场，有一天，在广州很有威信的民生新闻主播陈 Sir（陈扬）来了我的餐厅吃饭，走进我那间粉红色的餐厅，陈 Sir 说，有一种误闯了女生闺房的感觉，然后建议我在餐厅里开一档栏目，就是专门几个闺蜜坐在一起，叨叨各种坑男人的事。于是我开始回想起这十年来遇见的各种奇人异事，各类奇葩男女。

闺蜜坐在一起嚼舌根的习惯和传统，就好像我们每天到了饭点就开始到处问人哪里有好吃的、如何好吃、怎么做的一样。食色性也，既讨论食物，又讨论男人女人，更重要的是谈谈如何交往才能两性平衡，不疯癫不成魔，通过嚼出来的舌根，倾听别人的苦痛泪，得出自己烹饪美味人生的方法。拥有一份美好的爱情和一个完美的家庭，成了今天女性最大的追求，一夜之间，电视铺满了各类相亲节目，各种高富帅可以偕同各类美女走下舞台，各种屌丝在舞台上被灭灯，女屌丝在内心深处抱着实在找不到合适的就报名上节目的小心机……

这本书是一个用尽心机的闺蜜告诉你那些被美好蒙蔽的男人女人的小秘密。一盘摆盘精致的菜未必好吃，但是精致的摆盘必定让你忍不住拍照炫耀。就如同我们的生活，美好的表面固然是用来炫耀的，内里的酸甜苦辣，苦心烹饪的过程未必人人会做，也未必人人能经历。如此，这个心机闺蜜能告诉你的，就是如何摆好生活、爱情和家庭这盘菜，再难吃的菜，摆好看了，还是可以让自己的心得到慰藉的。

目录
contents

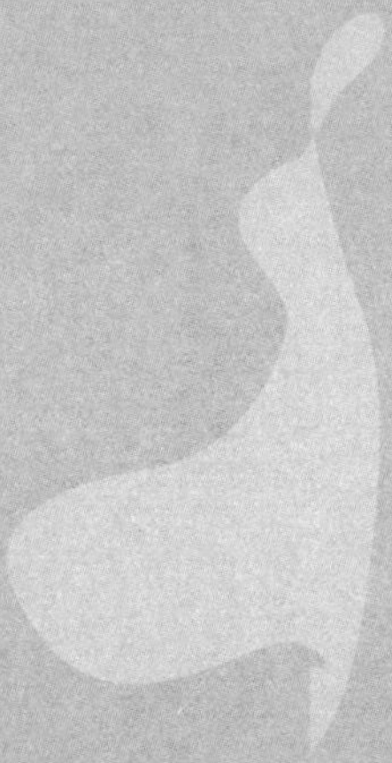

叁 / 男女间

肆 / 知性力

壹 女神范

“怎么样的女人才会让男人越来越爱不释手？”

“哈哈。聊过这么多的天，男人口中的好女人逃不出四个字——温柔体贴！”

有房就是女神的背景

我的一个同事甩了已交往一年的美貌车模，跟他办公室的同事闪电结婚了！

所有八婆精神都为之一振，纷纷打听什么情况！

最终结果是，他的父母说希望他找一个有稳定收入、有固定工作的伴侣，况且，闪电的这个还是带着房子出嫁的。

女孩们唏嘘啊，我的这个同事薪水丰厚，有车有房，别说车模不用他养活，要他养也是完全没问题的。在婚姻面前，男人果然也很现实，说白了，还真就是寻找一个经济合作体而已。

以后别再说女人现实，也别再说丈母娘现实了，男女平等的世界，男人也很经济，婆婆更是现实。

越来越多的女性朋友看房，买房，囤房。她们都是未来十年包租婆的中流砥柱。已婚的为抗通胀，未婚的为自己保障。

我身边活跃的女性朋友无一无房。最好笑的是，这帮有房的都没嫁出去。我总结了一下原因，没房的女朋友，要么早早出嫁没来得及存上私房钱买房就要贡献给公家，要么从来没想过要自己买房，找个男人坚定天真地打着住他家一辈子的想法，豁出去了。剩下那部分过惯了独居日子的坚强女性，只在偶尔需要一个肩膀靠靠，如果你不是对我万分的好，我没必要住到你家去。

那些曾经和男朋友租房同居的青春一去不复返，那些住在男友买的房子中，在失败的恋爱后，拎着箱子落魄失魂街头的夜晚也不复出现，那些和男友掰着指头算首付的曾经更是不堪想象，没有房子的爱情太屌丝了！稍有追求的女性，怎么允许自己的爱情显得那么屌丝？

这部分有房的女性，都应该感谢那些曾经放弃你和被你放弃的路人，他们成全了独立的自我。

房子，成了坚守自我的寄托。大部分有房的女性，嫁到婆家不怕被欺负，自己的房子收着租金补贴美貌、补贴家用，再大的委屈，收拾一下行李，不用回娘家，不用劳烦闺蜜，回自己的窝。所以，更多的坚强独立的女性以抗通胀外的目的去到处看房，囤房。

所谓承诺，都要分了手才承认是枷锁。

所谓辜负，都是浪漫的蹉跎。

所以别问，为什么我们没结果。

性感睡衣必修课

无需置疑，所有男人都喜欢性感的女人。即便女孩子见到性感的女人，也会怀着妒忌恨的心思和眼神，嘴里碎碎念着一些评论。男人还是希望自己的老婆、自己的女人性感。当然这种性感，不是完全的裸露，但是包括裸露。

不要再用“女汉子”来形容自己，尤其是在心仪的男人面前。你要得到他的宠爱就必须性感，从内到外的散发。有时候看到一个男人认真工作的样子会觉得他很性感，同理，男人看见女人很认真工作的样子也会觉得很性感，这种工作排除家务活。

哪怕长得丑，背影也要美。长发对男人来说，是女性性感的标志之一。所以不要以为现在的女性头发越短越利落，你尝试一下问身边的男人，十个有八个的梦中情人是长发飘飘的模样。

眼神也是性感的重要组成部分。为什么中国大部分男人觉得韩国的女性性感？很大一部分原因来自于眼神，韩国女孩本来天生细长眼多，后天她们发明的“电眼”，也是眼神半眯状态，这个可以练习。很多女孩现在化妆喜欢把眼线画得很粗，使眼睛变得很大，其实这不一定就是美。细长型的眼神更显柔和，在工作和生活中，所有人都愿意和一个看起来柔和的人相处。你天天化成牛龟一样大的眼，反而让人不敢接近。当然，性感的眼神，可以对着镜子学习，以让自己觉得温柔为主，从自拍开始，也不妨是个好技巧。

有一段时间我和闺蜜毛毛同住了半年，毛毛是北京舞蹈学院毕业的，一举手一投足都充满女人味，那半年的同住让我也增色不少。很多时候，女汉子和女神都不是一天练就的，但是要更早地遇到白马王子嫁出去，女汉子肯定是要比女神慢很多，为了加快速度尽早享受爱情的滋润，我建议女汉子们积极上进地变身为女神。

从晚上独自睡觉开始改变，即使是独自睡觉，也不能让自己穿得太丑！从睡衣就可以看出一个没有男朋友的光棍女孩是很容易变成汉子的，但这绝对不要看成是一件值得自豪的事情，因为在家的任何行为，足以让你在外的气质发生变化。我的闺蜜对我的睡衣表示极大的不满，那是一件我从大学穿到工作的吊带小睡裙，自认为很可爱，但是上面起满了小毛球。几次控诉无效，毛毛见我还没有把旧睡衣扔掉，主动给我买了一件黑色蕾丝半透明睡衣，直接把我的旧裙子扔掉了。这让我为难坏了，要在家里对着另一个女人还要穿性感睡衣，对于我这个女汉子来说，简直别扭到天上去了。偏偏当我克服心理障碍穿上那件睡衣之后，举手投足都不好意思粗鲁起来，甚至女汉子的白天都柔情了起来。

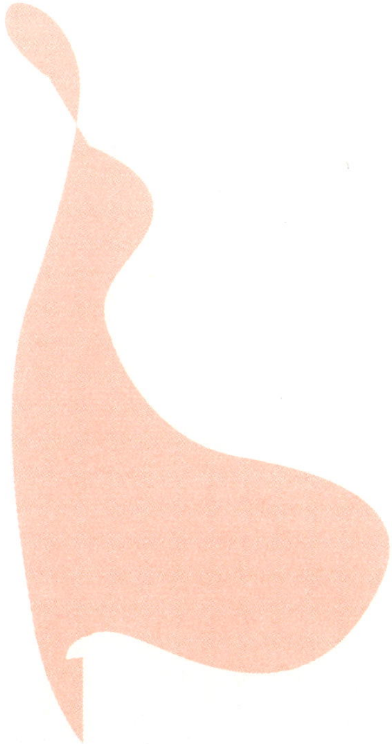

没有丑女人，只有胖女人

有没有发现女人一胖，就会显得很刻薄，那种刻薄是她自己内心散发出来的，因为她要对自己刻薄，所以连带她说的话做的事，都会不自觉地刻薄起来。

有人做过一个女神的身高体重对比表，在一米七以下的，基本不超过100斤。可想而知，女神那是得对自己多苛刻！不要给自己任何借口，最近看到一女神生完宝宝后，一米六五高，人家出院一称体重，也才53公斤，人家是刚生完宝宝哦。这说明什么？说明只有在100斤附近游动才有可能得到幸福生活，得人羡慕！

结了婚，生了娃都不是发胖的理由，看看哪个时尚大咖有一丁点多余的赘肉？不要再用什么“男人喜欢微胖的女人”作为借口纵容自己肥下去。瘦一点的女生自信度更高，其实瘦有一个很简单的方法，是闺蜜我才说，一般人我都不告诉她，就是——吃得慢。吃饭一定要慢，每口饭嚼二三十下。我饭局特别多，一年365天，如果除去过年过节的5天在家吃饭，有360天都是在饭馆吃的。于是我的微信就充斥着各种餐厅各种美食，很多人都很奇怪为什么我怎么吃都不胖。认识我的人都知道，我是从头吃到尾，从来不落后，从来不忌口，但是我就是吃不胖。这其中的奥秘只有特别注意观察我的人才能发现。虽然一直没停过，但是我吃来吃去，吃的还是那一块肉。吃得慢更容易有饱腹感，归根到底要不胖还是要吃得少！

吃得少带来的好处太多了。有人问过一位著名的好莱坞明星是怎么保持优雅的，这位年过半百依旧身材姣好的女性代表说她从来不贪嘴，哪怕是在公众活动上，或者是必须出席的餐饮聚会上，她也从来没有真正地动过餐桌上的食物，她只是一直用最优雅的姿势摆动着手中的叉子，因为这样，记者就永远都不能拍到她把东西放到嘴里或者在嚼动食物时的丑态。

在淘宝上卖的所有衣服都好看，就是穿到自己身上不好看，真相不是衣服的质量不好，不是衣服的款式不好，不是衣服的裁剪不好，而是淘宝上的模特体重没有超过 40kg 的！

朋友圈流传着一个帖子，是一群到老也要时尚的法国老太太的街拍。几乎每个女人看完之后都会转发，然后附上留言：我也要成为这样的老太太。这群老太太身上没有多余的赘肉，化着浓妆，穿着色彩鲜艳的衣服鞋帽，依旧得到所有人的赞美。

这就是现实的时尚，视觉第一感官的美与丑。

玩着就把身价抬高了

所谓的玩着，有很多种，我说的玩，是指轻松的，不是说要去夜店烂蒲喝到天亮那种。

身价高的人有一个通性，如果你们没事的时候，可以一起琢磨一下这个事情。

你有没有发现，当你一准备发力要做点事情的时候，马上就会出来一个人跟你说：“没什么用的，别折腾了。”这种人也不是坏心眼，他真是好心给你忠告，不希望你活得太折腾，把自己弄得太累。但是这种人又怎么能够体会得到你追求理想时的那种快感？如果你觉得折腾是种累，那就歇着吧。一个有目标的人睡不着，一个没目标的人睡不醒。

有一句话：“你不能休息，因为你一休息，就会永远休息。”有个段子，说有个男生在取款机旁边看书，警察来了问他，你看书去哪不能看，为什么非要守着取款机看书？那男生说，因为我看书会累，一懈怠的时候，就把自己的银行卡插到里面看看余额，这样我就有动力继续看书了。

每次我坐在我的工作台前面，感觉到有点无聊又有点累的时候，我就会打开我的朋友圈和微博，去找那些我觉得生活得比我嗨皮（Happy）的人的生活展示来看。每次看到别人吃香喝辣，周游列国，站在国际舞台上，我就想成为那样的人，一想到我要努力成为那样的人，我就开始着急工作，于是赶紧又全身心地投入工作。

你到微博上看一下，有一种女人的关注率极高，就是长得好看又打扮得很名媛的，每天发的微博无非就是去哪吃饭，和闺蜜聚会，坐飞机的照片，去旅游的照片，如果还是一个已婚的，那关注率通常都在两万以上，作为一个名不见经传的微博，一个普通人，这种关注率算是很高的。为什么那么多人关注？因为每个人都想知道怎么样才能过这样的生活，每天不用干活，只逛街吃喝玩乐。等你留心再看就会发现，通常这种微博主都在经营着一点小事业，哪怕是自己的品牌，哪怕是个小淘宝店。人家就是这么一边玩着一边抬高身价的。

有个女性朋友，被她的男朋友甩了以后，因为不想再呆在原来的地方，于是开始了一次长途旅行，自那次旅行之后一发不可收，工作一段时间，攒到一笔钱后就开始一个国家的旅行，到现在已经绕着地球转了一圈，去过数十个国家，当年甩掉她的男朋友恐怕身价翻十倍都比不上她现在的身价。她现在已经是知名旅行家，择偶圈也从当年的一个点扩展到现在的全球。

去有价值的地方，你就会显得有身价，跟有身份的朋友交往，你就会显得有地位，女人天生就会自抬身价，不然怎么会那么多人为了名牌赴汤蹈火，在所不辞呢！

只要你玩得好，身价就会在那放着了！

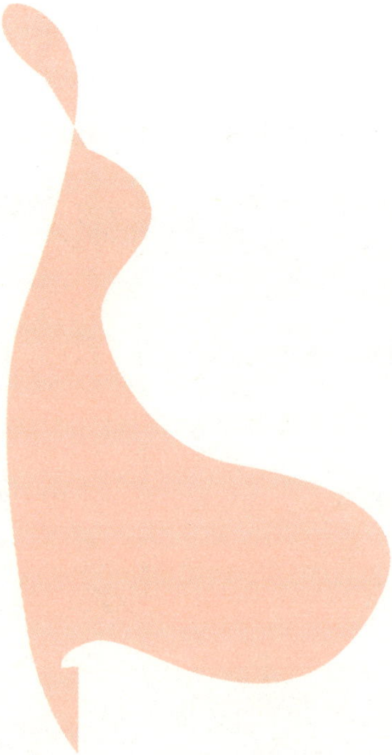

一身才艺，万千追随

小时候长辈都说“练就周身刀，不怕无事做”。

“周身刀”，就是满身才艺，所以从小到大，我就唱歌跳舞弹琴下棋画画写字，无所不学。北方的孩子更是出奇，翻跟头，三岁就能谈肖邦，各种唱念做打，从小特长防身。

要做一个成功的女人，一身才艺是必需的，从内到外，从厨房到闺房，从客厅到职场。

我曾经听过几个很成功的朋友说起他们的太太，说的时候带着钦佩，带着赏识，仿佛在说一个自己的偶像。自从那以后我就想，我结婚后，一定要让我老公也觉得我很行，很赏识我，跟他的朋友和家人说起我的时候，也要有这种骄傲的表情。一个互联网企业的老板M，四十多岁，公司在纳斯达克上市，一次聚会，太太没来，但是整个饭桌上，这位先生的话题一直没离开过自己的太太，讲他太太的成长史，让我们每个人都听成了传奇。

M老板如今身家过百亿，很多人都想知道年轻有为的他娶的是一个什么样的太太，让他在太太没能抽空出席的饭局中失落万分，要用一顿饭的时间去讲述太太的故事。M老板认识他太太的时候，他的太太是饭店的前台，他和太太的相识是因为他打电话去订房，听到了一把很甜美的声音，因为声线好，他记住了这个女孩，自然后来就认识了，发展了。如果M太太仅仅是一位声线好的高中毕业的女孩，不至于让M老板津津乐道一晚上。M太太认识了M老板之后，看见自己的男朋友经常到处飞来飞去，自己却困身在一个宾馆里面，于是开始每天看报纸，在报纸上看外面的世界。某天在报纸上她发现了一则招聘启事，报社招打字员，于是M太太用自己一个月的工资买了一台打字机，天天下班后在家练打字，一个月后果然在面试中因为打字速度最快而到了报社。到了报社后，M太太白天打字，看见每个人都忙忙碌碌的，觉得自己也不应该闲着，于是，下了班以后就去买来布料，开始翻着杂志、报纸，看别人拍照好看的衣服自己也学着做，因为不用穿饭店宾馆的制服了，M太太开始每天都穿自己裁剪的衣服上班。同事看到都觉得很好看，于是问她衣服在哪里买的。越来越多人知道M太太会自己做好看的衣服，于是同事们就开始买来布料，叫她帮忙做衣服，有时候还会付给手工费。时间长了，M太太的收入竟然也不低。

这个时候M老板和M太太结婚了，M太太也从来没问M老板要过家用，这个时候的M老板公司虽然没有上市，但在中国也是赫赫有名的企业，别说要家用，M太太根本不用去上班，M老板也愿意让自己的老婆在家里相夫教子。可是M老板看见自己的太太对工作异常的感兴趣，而且对自己的手艺也很着迷，经常做衣服做到三更半夜。有一次，一个美国的品牌刚刚进驻到中国，M太太喜欢去衣服服装店看别人的版型，M老板也经常买这个品牌的服装，一来二去，时间长了，店员和M太太都熟悉了，M太太也经常跟店员讨论衣服的款式、版型、布料、裁剪方式。就有这么巧的一次，这个品牌的亚太区总裁来到店里视察，遇见了正在出设计意见给店员的M太太。过了一个星期，M太太得到这个品牌集团的邀请，希望聘请她为这个品牌大中华区的设计顾问。

说到这，所有在场的人都惊叹M老板的太太好有才，现在M太太已经开始经营自己的品牌，而自己的品牌业务也马上要拓展到国外。M老板开心地听着所有人对其太太的赞美，最后做了总结：“我太太真的特别有才华，因为她的追求没有让自己的才华被湮没，让我也很骄傲，反正她这么热衷于自己的事业，又是她的兴趣，所以她现在可不比我悠闲，就随她去吧。”

女人真的不用卖身的，即使是嫁人了，也不用卖身到夫家中，女人一定要有才，除了后面我们讲的带“贝”的财，还要有才艺、才情，没有嫁作人妇的，一身才艺可以让你得到万千追随。嫁作人妇的，哪怕是会插花，也是可以让丈夫感到自己娶了一个才艺出众的老婆。

男人卖身不卖艺，不想说得太多，如果一个男的总是在你面前喋喋不休地展示自己多才多艺，当然比不上一个男人卖力拼搏大汗淋漓那种感受来得强烈。不是说男人不可以卖艺，一句话，没有卖身投入工作来得性感。你懂的，女人总是喜欢那种在工作状态中的男人。而男人喜欢的是在生活中懂得生活、异禀天赋的女人，如果你像“干物女”（认为很多事情都很麻烦而凑合着过的女性）一样，奋斗在女屌丝的道路上，你觉得在男人眼里还有前途可言吗？

笑点低的人命更好

很多企业会请我去给他们做客服、业务代表、员工的礼仪培训，也会有很多孩子来向我请教怎么样才能考上中戏北电，怎么样才能工作顺利，等等。每次给不同的人培训，我跟他们说的第一个重点都是——爱笑的人运气好，常把笑容带脸上。

后来我发现不仅爱笑的人运气好，甚至笑点低的人命更好。曾经有一个现象很火，在飞机上，同样是30到40这个年纪的旅客，头等舱的旅客往往是在看书，公务舱的旅客大多看杂志用笔记本办公，经济舱则看报纸电影玩游戏和聊天的较多。在机场候机室，贵宾厅里面的人大多在阅读，而普通候机区全都在玩手机。那么，到底是人的位置影响了行为呢，还是行为影响了位置呢？

同样一个问题，到底是爱笑导致了好命，还是好命导致了经常笑得出来？

我最近对我妹妹有点意见，因为她总是给我脸色。本来作为姐姐，很多时候我想给她提一些学习和生活的建议，结果她总是臭着一张脸，严重影响了我的心情，感觉好像我欠了她似的，于是哪怕是我妹妹，在她对我展现笑容之前，我都不太想理她了。

有的时候你笑着对一个仇视你的人，可能会削弱他的敌意；你笑着对一个向你发脾气的人，可能会让他反过来想跟你道歉；你笑着对一个你喜欢他、他也喜欢你的人，可能会收获意外之吻。我鼓励女孩笑点低。当然很多有酸葡萄心理的女人打心里不喜欢笑点低的女孩，她们可能会评价“这个女孩喜欢浪笑”，“这个女孩发嗲”，“这个女孩弱智”，“无聊”等等。但，这些都是女人的妒忌心理。经过我的访问统计，90%的男人喜欢银铃般的笑声，并且对这种笑声没有抵御能力。所以才出现了很多电视电影的画面中，一个美女的出场总是先伴随着银铃般的笑声出场。

笑点要低，笑声要好听。前者可能很难训练出来，因为这个是发自内心的，只能说笑点低的人比较爽快，心机不太重，通过笑点也可以判断出心机。所谓的心机重就是想的事情多，前因后果、左右隔壁的反应都顾忌。而笑点低的人笑的原因够简单，只是为了开心。笑声要好听这个事情还真得练，就跟笑容好不好看一样，需要对着镜子练习。毕竟不是每个女孩生出来就知道银铃一样的笑声是什么样的。我大致形容一下，希望大家可以领悟得到：清脆，不高亢不低沉，持续时间不要太长；还有一点，一定要娇滴滴。

男人多半喜欢娇滴滴的女生，娇滴滴的表情，从笑容上是能看出来的。如果你是女汉子之身，那声音也不妨娇滴滴。女生爱笑之余不要笑得太吓人就好，如果能够笑得迷人，那就最好不过了。

女神们，互勉！

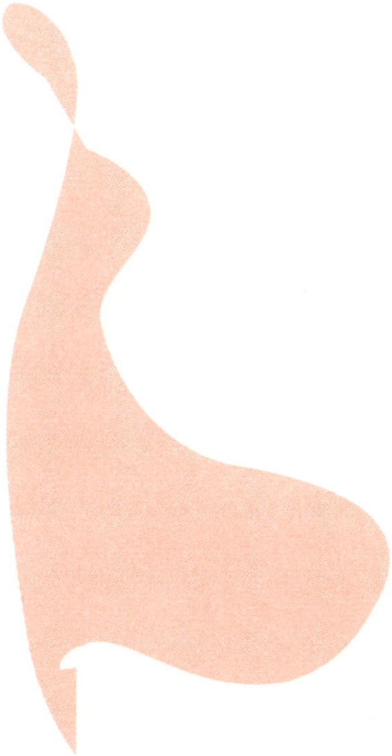

好女买房不炒股

在中国炒股的人里，只有千万分之一是懂什么叫股票的。

我们有时候就是高估了别人高估了自己的金融知识，就好像多少男人说起自己的炒股经历，打开手机股票软件的时候，那副专业的表情，其实是在土鳖装土豪，你以为他很懂，但可能他的股票亏得他爹都不认得他。

我喜欢买房，并且怂恿大家，如果要投钱买东西，还是买房买车，起码房子可以住，车子可以开，投资基金起码有稳定的回报，虽然少。但是如果买了股票，那真是既不能吃又不能喝，我相信也没有几个股神，大部分股民还是天天红着眼干着急。我们要评估自己的资源，有形的，无形的。女人跟男人不一样，我们只听过男人喜欢吹牛，好像从来没有听说过女人喜欢吹牛的，大家觉得男人吹牛似乎不是那么难以忍受和不能接纳的事情，大部分人会一笑而过，但是如果女人爱吹牛，那真是有点让人倒胃口。不过话说回来，有时候男人喜欢吹牛是有道理的，因为牛吹出来就能成事。房子放在一边是实力的象征，我们通常介绍一个女孩给另一个男孩的时候大多会说她有几套房子，不会说她有多少钱的股票。股票涨涨跌跌的，今天是100万，一个月后可能变5万了。有足够的闲钱，我们还是要投一些能看得见的东西，就算不是房子，那好歹也是拿得出手的物品，或者有点社会影响力的事件。

我有个女性朋友，开着一百万的保时捷跑车，住在租着的房子里面，她扬言房子还是要老公买，自己就不买了，把剩余的钱都投到股市里。这位女性朋友强势得一塌糊涂，男人见到都害怕，消费力太强劲了，一看就是一个花钱的主儿，而且还是一上来就敛财的那种。这位女性朋友又特别招男人，男人都喜欢跟她玩，但是喜欢跟她玩的男人都是花花世界中的射手男，只要见到好看又会打扮，带出街又赚眼球的女孩都会射箭的那种，没有一个是靠谱要结婚生子、发誓会给她幸福的，虚张的声势招来虚张的男人。

还有一位女性朋友，她就喜欢买房子，而且每个房子都亲自打扮得漂漂亮亮的出租给别人，背地里很多男人都觉得她很有魅力，认为一个会管理房子会管理家的女人一定也很有家庭观念，何况她还稳妥妥地收着房租，这是男人也会觉得有保障的事啊！

就好像挑男人一样，让我挑有房的男人，还是挑会炒股的男人？

我会挑会买房的男人，那代表他有一颗需要家的心，那个会炒股的男人嘛骚得浪得在外实在太难以捉摸和管理了，因为股市总是像波浪一样汹涌。男人，如果有房还爱进厨房，无论怎么比较都比有股票请你上酒店的男人好。女人同理。

假装自己是高估值

每个女孩都应该有一个女神梦。

永远不要低估自己，给自己一个尽量大的估值，为这个尽量大的估值去获得更多的投资。

学历，背景，相貌，身材，资产，这些都是实打实已经存在的身价，但你的身价会根据你的梦想、你的行为、你的计划倍增起来。

创业圈的各种融资消息频频而来，让人心痒。拉勾网1年两次融资估值近8亿元，丁香园获7000万美元融资，哈哈拼车再获千万美元B轮融资……有创业者戏称，凡是稍微靠谱点的项目或者创业者，后面都有一大堆VC在排队等着给钱。

如果有一天，你听见这种新闻和消息的时候表现得像一个人看到机会降临一样兴奋，那么恭喜你，你对自己的价值开始有了新的追求。你的价值不再是会做几种芝士蛋糕，不再是购买价廉物美小居家用品和持家的一把好手那么简单。你开始像男人一样对事业感兴趣，但并不代表你不可以再去追求女人居家的小事业，我见过的很多女神，她们既可以在男人的世界里呼风唤雨，也可以在二人世界中把自己操持成一个甜蜜的小女人。当然，能够在外张与内敛中收放自如，需要有强大的内心追求，这一切在你的梦想面前变得如此有挑战性，无论你做什么事情。

男人做的所有投资都会看回报率，回报率越高越被看好的项目越多人抢，现在市场估值高的创业公司根本不缺投资人，来了我就跟你聊呗，聊到大家都欢喜再合体，再结婚。

有不少投资者和创业者都知道，创业公司的估值如同纸媒的发行量、APP 的下载量一样，外界人永远不知道具体的数字是多少。一般的创业项目对外公开的估值都会习惯性地“除以 2”，个别企业会“除以 4 或 5”，甚至有一些企业直接把估值当做融资额来发布。

作为一个身价无穷的女神，你要做的就是表现自己的估值有多高，这个表现包括了你的未来发展，跟你在一起可以得到的回报，跟你在一起可以让他得到的提升价值，哪怕他不跟你结婚，只跟你做个普通朋友，你要做的就是，把更多的利益带给同伴，发挥你爱的力量，还有你带来的衍生产品。

已经快 60 岁的女神杨丽萍身价依旧在飙升，她没有结婚，没有子女，在国内创业板谋求上市的几大文化演艺公司纷纷铩羽而归的大背景下，杨丽萍文化公司终于将目光投向了新三板。而今，杨丽萍和她的合伙人经过几年的努力终于有了回报。

值得一提的是，杨丽萍文化公司的股东背后已出现多家上市公司的身影。深圳市创新投资集团早在 2012 年的时候就以 3000 万元获得杨丽萍文化公司 30% 的股权。而在深创投的股东名单里，赫然出现了中兴通讯、大众公用、粤电力 A、广深铁路、深圳能源 5 家上市公司的名字，以及七匹狼、盐田港、金地集团等公司大股东的名字。

每个女神都在经营着自己的身价。而你，只需要从变身为一个女神开始！

活成你想要嫁的男人的样子

我在没有买车的时候，才买名牌包。

后来我觉得背着名牌包坐地铁和公交车也不是办法，毕竟你不是总能打到车嘛，背个几千上万的包跟人挤来挤去，自己不嫌弃别人，别人都嫌弃你背个“假包”。

然后我就想了一个办法，买车，而且要买牌子好的车，这样你背个山寨包，别人也会觉得你是在怡情。

人生是孤独的，天下没有不散的筵席，无论是如何坚固的感情和关系，都会有触碰不到的时候。能够牢牢地守护自己的东西，有的时候竟然是那些生不带来死不带走的资产。

最近我的好闺蜜又遇到渣男了，一个星期前，她还在跟我说这个男人是如何的对她好，是她见过的男人里面对她最好的，每天给她弄好吃的，被她拉黑的时候会责备她，只要她一个电话，这个男人就飞奔而来了。这个男的让她搬到他空置的豪宅里面住，给她送了最新款的手机，但是这个星期，这个男的突然翻脸了，请她从他的房子里搬出去，原来他说的已经分居多年的太太突然出现并找上门去，说他们的感情一直很好。闺蜜觉得跟做梦似的，这是什么狗血剧情啊，到底真相在哪里？

闺蜜是个不折不扣的炫富女，而这个男人原来从一开始就在觊觎她炫耀的那些有价值的东西。什么样的人就会招惹什么样的人，这句话一点都没错。这个男人一直以为闺蜜住的高档小区是她自己的物业，也以为闺蜜的母亲有大量的闲置资金可以去支持他的项目，他还以为闺蜜经常从嘴边溜出的各个商业大腕和明星真的跟闺蜜都熟悉到可以约饭局的地步，这样他可以借助这些关系顺便做点事情。而当他发现这一切价值并不是这么大的时候，再加上闺蜜从住进他家后暴露的家底还不如他送的东西值钱，而且闺蜜还没有固定收入来源，这个男人直接翻脸了。

是不是很恐怖？男人原来跟女人一样现实，不要再以为有男人会为了你放弃自己的事业，有男人会把自己赚来的钱只是为了给你花。竟然有男人发现女人原来没有车、没有房、没有稳定工作就会逃跑，就会翻脸。不要再以为男人有多特别，其实男女真的很平等。

最后你才会发现，现实就是你最终会活成你想要嫁的男人的样子，而你要做的败家行为，不再是买一些怡情的花草摆设小玩意，而是跟男人一样买可以用来当脸使的东西，投资好东西是女人最好的金包装。

先买大件，再买小件

有没有发现每次搬家，一边依依不舍地扔掉无数没开封的小东西，一边抽自己，再也不要买这些废物了！

女人无论多高雅多有品位，买的小件物品，其实都是垃圾。

我上的那个大学，在大一的时候，就开始被同学灌输各种名牌知识，在我还在用 30 块一瓶的洗面奶的时候，我身边的同学们都在用三百块的 H_2O 洗脸。读到大二的时候，我已经能对不同品牌的包包了如指掌，如果看到某个同学在用印满某 LOGO 的包包时，简直感觉那位同学全身上下都在闪闪发亮。

大学那几年，我们开始进入懵懂的追求时尚的启蒙期，开始购置各种仿大牌的山寨同款包包，各种形状各种颜色各种功能。直到某天，同宿舍的某个同学突然用一个 LV 打败了你。

其实后来我们也得出了一个与 LV 抗衡的秘诀，当 LV 出现在你的闺蜜身上，能够与她匹配的要么就是跟她一起浪名牌，要么就是玩个性，背个“为人民服务”的军包走天下。

到我工作那年，我用第一笔写剧本赚的钱第一时间买了一个

GUCCI的背包，在那个年代，仿佛我的身价都一下提升了。那会儿我写一集剧本四千块，但当我背着我的GUCCI出去谈剧本的时候，底气都提到了八千一集。当自己有了两个名牌包以上时，你会发现，身边突然就出来了一群鉴定专家，闺蜜们聚在一起，讨论得最多的就是如何分辨真假名牌。而这个时候，你最有底气的事情就是把自己的包奉献出来，将一两个你喜爱这个包的理由变成这个包的细节，让闺蜜们知道你的选择不是为了这个LOGO，而是它的细节，这很重要，因为细节体现了你的品位。

当我有了第一个六千块的包包以后，我就很少再用那些花里胡哨的时装包了，后来我发现因此我省了几千块乱买包的钱。从此我养成了一个习惯，哪怕是配饰，也只买具有价值代表的。因为我发现，无论我有多少个包，我用了多少配饰，所有人都只记得我那个名牌。

创业后买东西，你会发现你用名牌已经不奏效了，要买就买大件，买个有个牛逼LOGO的车，你的供应商、客户都会觉得你可靠多了，哪怕你穿个耐克出来，大家都不会觉得你不靠谱。然后你发现把你曾经花了大价钱买回来的小件物品放到一起，数量再多也是一堆垃圾，你需要的是一个既大又漂亮还有设计感的柜子，把它们收进去，垃圾立刻就变成了收藏。

随着年龄的增长，女性购买爱好确实有一定的规律。我观察我身边，18岁的女孩看上什么买什么，不顾及品牌和价值、意义；28岁的女孩关注品牌，爱买家居小玩意和设计感强的用品，但多半买了也不到60%的使用率；38岁的女人买大品牌，为了彰显自己对品位和生活品质的追求；48岁的女人开始收藏字画、翡翠、玉石，在她们眼里，这些物品与魅力有至重要的关系。

按照这个规律，女生要在同类中成为话语领导人和佼佼者其实很简单，18岁的时候按照28岁的追求去购物，28岁的时候照38岁的思路去购物，38岁就开始收藏字画、翡翠、玉石，那是相当的美贵妇了。如果你18岁就能达到48岁的追求，那我们可以空想一下。别说18岁、28岁做到已经可以赢人九条街了！

喝过很多下午茶依然成不了名媛

从有了朋友圈开始，伴随着女神的一定是位于 70 楼五星级酒店大堂的下午茶。

无论是吃的喝的，什么味道不重要，什么姿势才是重点；什么前景不重要，什么背景才厉害。下午茶俨然成了名媛的必修课，三五闺蜜约在一起，千万别在商场里，在商场里必然不会有欣赏美女的男人。最差要在有情调浪漫的咖啡馆，最好不过星级酒店西餐厅——有米其林大厨的西餐厅。

为什么下午茶会和名媛搭配在一起？除了有钱有闲有心情的女人，哪个代名词可以概括“在下午三四点有空坐在价格昂贵、环境优雅的餐厅慢悠悠地小口抿茶，看着好看不想吃的蛋糕摆了一桌，扯着这季度好吃的好看的在哪里”的慢格调？

如果是女屌丝，这个钟点正式妆已经掉光，早上出门还算飘逸的头发开始冒油光。如果是梳理整齐的，到了下午四点一定已经冒烟似的有几根毛躁的发丝飞起。谁提到这个钟点说出去喝个下午茶，那是要遭人毒口和妒忌的，而且还有要补工作量导致加班的可能。

有这么一群女孩每到下午四点准时发图，妆容精致的脸庞，色彩缤纷的指甲，黑翘的睫毛和发光的眼睛，或浪漫或休闲或高档的背景。很多人纳闷，为什么这些女孩喜欢把自己打扮得像名媛？毋庸置疑，无论她们受到多少争议和不怀好意的评测，你确实向她投去了羡慕妒忌恨的眼光，而这种眼光，有时候是一种注资，你可能没发现，无意中你就被她吸引，发现了她的闪光点，这个闪光点不限于她的人脉、她的容貌、她的交际、她场景里的隐形植入广告。

喝下午茶不是为了成为名媛，成为名媛是为了让别人从名媛的女性特质中看到能量。

我的一位美女辣妈朋友，每天下午四点必晒下午茶，通过她每天的下午茶，我们所有人都知道她最近跟谁在合作，根据下面的留言情况也能看到她最近合作的这个事情，很多商家自发地与她联系提供场地和赞助。如果不是晒下午茶，谁会没事天天问你最近在忙什么呢？如果不晒下午茶，你又怎么知道谁愿意加入到你的下午茶里面呢？

如果说我是个功利的人，非要将下午茶变得功利，那么我只能说，如果你不是这么想的，喝再多的下午茶你依然成不了名媛。如果你爱看韩剧，你应该不会忘记韩剧中的名媛下午茶都在干什么。

看起来是一群富太太、女强人在吃点心喝茶，实际上每个人说出来的近况都代表了自家的动向，每一个动向都可能影响着男人之间的生意来往或者女人自己之间的生意和生活来往。

当然我们不需要把自己提升到喝个下午茶就会影响政务决策的高度，但是何不利用晒下午的时间晒漂亮？晒漂亮的时间也就是利用自己的女性特质去做男人不可能做到的事，因为男人注定不能用分享生活、分享八卦的方式办出正事，这是女性特质。

泰国前美女总理英拉曾参加过选美比赛，生得美丽动人，在一些搜索网站，只要敲入“英拉”两字，后面自动出现的评述多为“漂亮”等赞誉之词。在竞选造势活动中，这名人到中年的女子多次提及要利用自己的“女性特质”，她在曼谷出席一次竞选集会时说：“我将充分利用我的女性特质为我们的国家工作。”

还有一点很重要，戒掉牢骚和负面情绪，公开场合中，名媛永远是微笑的。不然喝再多的下午茶也成不了名媛。

柔软的棉花不会痛

在工作中不顺利或者和男朋友斗气后，我都很内疚，很后悔，为自己说过的好像斗鸡一样的气话，也为自己狰狞的面孔。有时候内疚到痛哭流涕，一点也不夸张，不要以为女孩子哭是因为被别人欺负了，或者是小气，真的会有被自己气哭的，伤害自己的只是自己的想法、自己的感觉、自己的棱角而已。当这些棱角像刺猬一样打开的时候，刺痛了别人，也让别人的盾牌反弹回来伤到自己。

看电影的时候，灰姑娘的妈妈留给灰姑娘一个锦囊，锦囊里的这句话伴随了整个电影，“你要做一个坚强而勇敢，仁慈而善良的人。坚强和勇敢并不代表要硬朗，要刺激别人，要包裹自己，把自己变成一块石头，不让别人侵略”，重点在“仁慈而善良”，一个仁慈而善良的人必定柔软，她的内容像一团棉花，可以吸收掉灰霾，可以不怕任何打击，当被刺到那一刻，柔软的棉花才不会像硬朗的肉身一样疼痛，反弹回去的时候也不会伤害到别人，即使所有的冲击过来了，也都被柔软所包围，就像一对翅膀拥抱一只受惊的小动物。

有一段时间，我把我的微信名改成了柔软，以此来提醒自己，只有自己的心足够柔软，才不会被伤害到，也不会伤害别人。只有自己足够的温柔，才不会让别人有伤害你的意图，也不会让人有下手的动机。所以在碰到凶神恶煞问责的领导，或冷面无情的男朋友的时候，让自己化成一摊水，让他们的尖锐没有可以刺穿的地方，即使他们的长剑伸过来，我用柔软的心去感受他，而不是用硬朗的身体去抵触他，这样一定不会受到伤害，他们也不会因为我的盾牌反弹回去而受到伤害。

面对你爱的人，爱你的人，曾经帮助过你的人，无论何时何地，用一颗柔软的心去面对他们，哪怕他那一刻是多么尖锐多么伤人，让他冲到棉花里，伤害也会就地解散！

拼的就是存在感

新加坡前总理李光耀说中国应有潜力继续维持 8% 上下的增长率 15 到 20 年，按这个速度前进，中美差距会逐渐缩小，我们几十年后就可以像美国人一样无忧无虑享受阳光沙滩海浪啦！

当然，上面说的那句话是做梦。要享受阳光沙滩海浪，要的是冲劲，只要有冲劲，会发现哪里的阳光沙滩海浪都很欢快！

你要按照中国 GDP 增长的速度去律动自己，才有可能迈向走进上层。

谢霆锋的爸爸谢贤 70 多岁还一身肌肉，穿着无袖白色紧身衣，让人觉得线条紧紧的。谢霆锋说爸爸 70 多了，谢贤说你神经病，我跟你差不多，比你还有冲劲！

不少人说我喜欢折腾，折腾其实是一种生命力。说说我的女性偶像，我的女性偶像大多是那种站起来想走就走，想买啥就买啥，人前人后总有人围绕毕恭毕敬的那种女强人。她们总是很强势。小女孩们只知道她很能干，但是不知道怎么个能干法，不知道她在想什么。有一天，我鼓起勇气，找了一位我的女性偶像聊天。她跟我说要不我跟你约明天见面吧，我说今天就想去跟您学习。她说那好吧，我6点要走，6点后有事。于是，当时就算已经5点，我飞车到达也要5点半的情况下，我还是一脚油门就到了偶像的办公室。

我的这位偶像是一个很牛逼的报业集团老总，你可以猜到的。她的形象总是光鲜亮丽地出现在电视里，报刊里，明星、老板们坐在一起总是要过来和她碰杯聊两句。她已经40多了，但她看起来只有30岁，开着名车，全身上下都是名牌。她说她在朋友圈已经不需要再发任何炫耀的东西，在哪度假、用爱疯六（iphone6）还是爱疯七(iphone7)，这些都不用说，因为她的价值已经不用附加值体现。

她是怎么做到的？她说，她的师傅跟她说，你如果永远呆着不动，就是失败的，只要你动起来，就一定能成功。

几年前，她跟我一样，是一个报社的普通采编，拿着收入已经算很高的工资，享受着受人尊重的地位。但是当她看到比她年纪大十岁的人也在干跟她一样的活的时候，她突然意识到不希望自己十年以后还是这样的。如果你不对自己的现状进行改变，不去折腾，温水一定会煮死一只青蛙。于是，她把心一横，听从师傅说的一句话，最优秀的人应该站到一线去，毅然转身去做业务。从没有任何客户开始，从不懂业务怎么做开始。第三个月，她大哭了一场。朋友们鼓励她坚持下去一定会华丽转身成功的！第七个月，终于开了做业务的第一单。第二年，她仅用半年就完成了一年的额度目标。第三年开始，每年只要干两个月，她就可以休息了。但是她依旧有冲劲，觉得自己还可以做得更多。第四年，她做到总经理的位置。她跟我说，她从来不用老公给她的附属卡，因为她已经完全有自由去买任何自己需要的东西。她的老公也很尊重她，因为她作为一个女人拥有足够的自信心，她知道自己是有价值的。

不要被现在的温水迷惑，不要沉醉在幸福中无动于衷，做一个充满价值感的人，让自己的价值丰盈，让自己升值，而不是重复重复再重复做一件失去挑战的事。

做一个永远充满冲劲的人，你才能跑赢GDP，你才能在平衡对弈中胜出，你才能充满自信，充满存在感地站在这个世界淡定地微笑。

我为我代言

好像一夜之间，创业者都纷纷冒泡，往电视网络上跳，大叫“我为我代言”。

卖广告已经不局限于卖产品卖品牌了，还要卖自己。

某名品尾货网站的CEO自从给自己的网站代言之后，百度上一搜他的名字，自动弹跳出来的是一连串的问题，都是关于他有没有女朋友，有没有老婆，对象是何方神圣之类的。原来，我为我代言最大的成功是不可抵挡的异性魅力。

后来陆续发现，只要长得五官端正的男人就敢为自己代言事业，一个有冲劲有能力有身价前途又颜值高的男人如此出位，作风时尚地为自己代言，这是要迷死多少女屌丝啊。他不像明星那样遥不可及，似乎在打拼路上的他更需要一个有思想有能力的女性协助他。

效法男人们为自己的事业代言，女人为什么不可以？如果你长得一般，那是让你变得多知性的一件事；如果你长得标致，那是让你变得多女神的一件事。让男人知道你有思想，有事业心，有计划，有宏图壮志，你不比男人差。在女人安全感需要被罩的时代，男人也有想被罩被保护的弱小心灵。

去找自己能代言的事业吧，它会让你变得有魅力，它可以让你的人生健全，让你变成奋发图强道路的代言人。谁说女人就应该在家相夫教子，男人就可以都风骚地站在电视屏幕里喊“我为我代言”？抛头露面的事情不是女人本来就做得更好吗？曾经有一个身陷囹圄的女友，这位女友爱上已婚男，至于是无力脱身还是无法脱身只有当事人知道。女友也很痛苦，冯小刚说过，他也很同情小三，小三没有错，因为她自己身在漩涡中无法自拔。当时女友在代理一个品牌，我给她支招，为自己代言，用公家的广告费给自己卖广告，让自己红起来，让别人看到你的优点，让别人来帮助你脱身。任何一段感情的结束肯定是因为另一段感情的开始，要想结束一段不被社会认可接受的爱恋，自己又迈不动步伐，那就让更优秀的人看到你，让别人来找你，让另一个更优秀的男人来帮助你结束这些。果然，这位女友拿着前男友的品牌广告费，一边做着品牌推广，一边植入自己的形象和专业咨询，三个月不到，不说家喻户晓，起码周遭已经得到反馈，开始有优秀男士打听她的爱好，每天的饭局都爆满，半年后，一位钻石王老五成功帮她脱离苦海，至于和钻石王老五能不能修成正果，那是后话了。起码，她为自己代言之后，那是不用再在一棵连理树上吊死了。

女屌丝总会担心风头太劲，遭人妒忌，可知风头不旺又遭人看低。拿出任何一项看家本领来吧，尝试一次为自己代言，可能你会收到意想不到的收获。

拿男人的钱去投资

男人有感情起来那是很有感情的，理性起来，那是相当不顾一切。所以当他愿意给你钱的时候，就花。

多个闺蜜验证了一个真理，就是男人似乎从来没有因为你会为他省钱而对你心存感激，把你给他省下来的钱一次性再给你。

反而，如果你拿着他的钱生了钱，他会很欣慰，很钦佩你，会觉得你没有乱花他的钱，会心存安全感，觉得这个钱没有失去，而且也让你得意了，仿佛自己做了一件很成功的投资。

现实生活中，不是男人太抠门，而是女人太单纯。我不舍得吃你的用你的，你要给我花钱买束花我都心疼，最后把男人培养得再也不想在你身上多花钱。更多女人没想到的是，男人给你的钱，分分钟会跟你要回去！一位男性朋友跟我说起他的另一位男性朋友LI，有一段时间特别热衷于泡妞，各种妞带出来让大伙惊艳不已。原来泡妞有绝招，只要肯花钱，一定能得手。十几年前空姐还是大多数男人梦想对象的时候，这位LI就出手阔绰地将液晶电视、高档电器往空姐家里送，LI外形一般，五大三粗，空姐也架不住物质的诱惑，觉得这个男人不错，送的都是家居用品，对自己蛮好蛮顾家的，LI 最终抱得美人归。可是好景不长，三个月后，LI 开始用同样的招数狂追另一位空姐，依旧是送去各种高档物品。在这个阶段中，前一位空姐觉得自己真是瞎了眼睛，于是开始闹分手大战。战乱中，男人永远不可能吃亏，空姐很有骨气地将 LI 送的电器全部退回，连带金银首饰。男人最终接受分手，将之前的投入如数收回。这个结局令所有旁观的女人都会觉得这个女人好笨啊！她的脑子到底在想什么？另有一部分女人还在沉迷地批判这个男人，太可耻了！怎么会有这样的男人存在！是空姐遇人不淑！

可是男人的本性是很难看得清楚的，太老实的男人，女人看不上，对自己大方的，女人要考察，最终的结果没有人能知道。有一篇文章，说我们其实每个人的结局都是一样的，只是我们在这个过程中做什么样的选择，让我们这个过程过得如何的不一样，即使这个过程中的所有体会都不一样，也不能阻止生命中的失望、伤心、痛苦出现。女人们别再傻了，你要么不要男人的钱，要么就要了他的钱狠狠地花掉，别再去想什么既要男人有钱养家，又要自己有骨气的事情了，最安全的做法一定是拿着他的钱去做投资，花掉的钱回不了，投资出去有回报，就算退回了本金，赚到的依旧是你自己的。

不要小看每一个男人，你看不出他来，你只能做跟他一样的事！把自己变成他那样，就不会觉得吃亏了！

Q&A 女神

王　平 / 电视导演

Q：你认为一个女孩的气质是通过什么决定的？

A：不同年龄段的人对女孩的气质有不同的看法，我这种中年男人，肯定是觉得一个女孩很知性就是有气质。比如柴静这种我就觉得蛮有气质的，她比较关注自己的内心，不言于表，让别人透过外表能看到她自己的内心。

Q：你会因为一个女孩的人脉强大而佩服她吗？

A：不会，我担心这个女孩有太强大的人脉会不太关注自己的灵魂，就会更多关注外在。我是一个喜欢关注自己内心的女孩的人。

SKY / 连锁日本甜品店老板

Q：精通琴棋书画的女孩对你的吸引力大呢，还是精通三国语言金融知识的女孩对你吸引力大？

A：第一个。我理想的女孩应该是小鸟依人的，不要太强势，我希望和她在一起的时候能主导一点，能提供更多的帮助给她。这个是我理想的类型。年轻的时候更在乎女孩的外貌，现在更在乎气质，气质就是言谈举止，与人聊天的方式，还有穿着打扮啊，我比较在意这些。关键要心地善良，这是我喜欢的。

Q：确实会有女孩太有能力了，男孩子会不敢追求这种事吗？

A：有能力的女孩正常来说肯定好啊，男方的生活压力会小很多，在工作和生活上都能提供很多帮助，但是对大男人主义的男人来说，他们都希望有一个人能照顾全家人，刚才说那些这些都不是男人想要的。所有男的在婚姻面前都应该会找一个门当户对的，所谓门当户对就是双方工作环境、经济实力各方面相似的。

但是理想和现实是不一样的。按我的个性来回答，我就会不敢追求。最怕两个人之间能力差不多，两个人会在家里有很大的争执。如果差很多，可能争执还不大。要看这个女的能力超出这个男的多少。

阿　文／摄影师

Q：说一个你生命中的胖妞是什么样的？你能忍受的丑是什么样的？

A：我身边很少有胖妞，可能广东人都比较瘦。样子丑没所谓，素质丑很难受！

单　磊／广州大学舞蹈系帅班主任

Q：当今社会，坏女人和乖女孩哪个对男人的吸引力更大？

A：看起来乖，其实不用太乖。

Q：女人要如何让一个男人爱上自己？

A： 美貌，经济独立，别让男人有压力。

张婷婷 / 辣妈俱乐部掌门人

Q：女人为什么必须有一套自己的房子？

A： 是为了可以很好地把握自己的生活，打个比方说，如果有男人对你很好，那是锦上添花的事情，但是如果你在 30 岁还没有找到男朋友的话，有一所房子会让你的心安定下来，而且你可以在这个空间里面找到属于自己的世界。有房子其实是给一个地方让自己去休息去重整，然后以更好的姿态站出来。所以有房子是为了在生活中可进可退。

诺　海 / 广告导演

Q：如果娶了个女神回家，你打算怎么供养？

A： 娶回家尽量迁就她，但是迁就多了又很累。

Q：你理想中的女神形象？

A： 样子靓，性格好。性格说起来很抽象，不要太硬，尊重对方，互相之间可以体谅，不要太倔强，有事情可以商量，在处理事情方面会考虑比较周到。

贰 朋友圈

“总在朋友圈说自己单身的漂亮女孩子，你怎么看？”

“漂亮的女孩子很少会单身的，如果坚持着单身要么就是有不可能在一起的爱人，要么就是长期享受众人追捧的感觉。急切表现出自己单身，是希望得到更多男士的关注。”

女人是饭局的发光体

相亲要吃饭，聚会要吃饭，只要是约会吧基本就是饭局了，大家在一起啥都不说，起码也可以光吃饭啊！

跟谁吃饭也很重要，总跟领导吃饭，那是要升官的节奏；总跟老板吃饭，那是要做生意的节奏；总跟秘书吃饭，那是要变成情侣的节奏；总跟老婆吃饭，那就是要生孩子的节奏。

吃饭这个动作平均每天要做三次，如果是吃顿法餐或者是怀石料理，那是比每天睡觉的时间都要长。

不可避免地在这么宽裕的时间里，肯定是要办成一些事的。

男人的饭局要么完全没有女人，要么绝对少不了女人，完全没有女人的情况很少，除非是一群已婚男人在一起看球，只要有一个带女人，一定会全部都带女人，要么都带的不是自己老婆的女人。饭局没有女人，那饭局中的话题简直就如同嚼蜡，毫无趣味，无人欣赏。

男人的饭局既然不带家属，女人不参加也罢了，但是却不能不参加男性事业伙伴邀请的饭局。因为女人在饭局中也能有所建树。

“局”原本是下棋术语，而下棋本身便是斗智斗勇、勾心斗角的过程。凡是带“局”字的，不管是“饭局”还是“棋局”，都有暗潮汹涌之感。杯中酒，不仅可以“杯酒释兵权”，也能“酒逢知己千杯少”；盘中餐，不仅可以“二桃杀三士”，也能“一言加餐饭”。

中国人自古便知道饭局的厉害，所以办事谈事一定伴随着饭局。饭局上没有硝烟，却是战场；没有杀伐，却有成败。饭局上一句话能成事，一杯酒能办事。宾主皆欢，这事基本就成了；失误了，能成的事情也黄了。

男人女人都一样，你想在江湖混，而且想混得好，就不能不懂饭局，不能不懂酒桌上迎来送往的规矩。

饭局，让人与人的距离在瞬间拉近，不仅仅是心理上的距离，还有空间上的距离。通常来说，在宴请客人的时候，我们与客人的距离最远不超过1米，这个距离就像是显微镜，让你的形象无限放大。你的精致完美可以放大无数倍，当然，你的“装饰死角”也会让人一览无余。

一个男人带一个精致的女人出门吃饭会很神气，好像自己脸上贴了金子。什么最能体现一个女人的精致？女人的饰品。女人的饰品会说话，最能衬托女人气质，你想表达得优雅、大气还是前卫、时尚，全在饰品中可以看出来。

一个妆容精致的女人也是男人的面子，除非有特殊活动需要大浓妆，否则千万不要用大浓妆出现在男人的饭局中，这会让这顿饭多了很多世俗气质和遐想。女人是男人一生的最大追求，无论多大年纪的女人，只要是淡淡的妆容，就能体现出本身的素养。

有的女人永远是男人饭局中不能不请的贵客，这种女人通常能帮助男人在饭局中提高价值和品位。而为了不沦落为男人的陪衬品，女人的自我修养也需要该出手时就出手地表现出来。比如，第一印象最重要，初次见面礼仪细节不可忽视，风趣优雅人人爱，哪怕你是装出来的。

饭局拥有无限魅力，也是一个人际训练场，运用得当的女人会在每次聚会中变成女神典范。女人，本来就是饭局的发光体。

给点甜头就很美

没有永远的敌人，只有永远的朋友，朋友就是永远的互利互惠。

有的人总想着真朋友如何如何，先想想你自己是不是别人的真朋友，别人心目中的真朋友又应该是如何如何的。

我们心里面的真朋友，都是那个在你最需要的时候出现，在你最潦倒的时候支持你，在你最倒霉的时候鼓励你的那个人。真正的朋友需要有共同的利益，有共同的追求，经历过互相帮助的患难。但是真正的朋友也做不到完全的仗义，不要再想着用什么借钱的招数去试验是否有真正的朋友。这个世界是平等的，借钱给你的人会衡量你帮过他什么，帮助你会得到什么，是得到回报还是名声还是你对他的感情。你的感情有什么作用？虽然我这么说有点现实，可人生就是现实的。如果有一个人一味地索取，一个人一味地付出，那天平是倾斜的，倾斜的天平又如何能互动得起来？没有互动又怎么可能有朋友呢？

现在开始回想一下自己的好闺蜜，哪个不是互惠互利走过来的？她曾经住过你的房子，但是她总请你吃饭，给你买好吃的。所以你总是在她最需要你的时候随传随到，正是因为你的随传随到，她才会觉得你可靠，然后把自己的朋友都介绍给你。因为是她介绍朋友，所以做成的业务，你也会感谢她的协助和推荐。

朋友是互利互惠体，其实夫妻也是，对一个人产生感情其实是很容易的事情，只要朝夕相处一定会情愫互生，还记得《来自星星的你》里面千颂伊和都教授测试的那个理论吗，两个人互相对视30秒，一定会有某种感觉产生。能跟一个人有感情，跟一个人谈恋爱是很容易的，但是要跟一个人长期相处，并且相处得很好，一定不是有感情这么简单。为什么很多情侣在分手的时候会很痛苦，那是因为他们会想到对方曾经对自己的好。痛苦是因为不忍割舍那些好处，是因为会怀念这些好处的存在。男女关系的相处本来是最本质的，到最后沦落到要互相数落对方的不够好，又想念对方的好，更何况是普通朋友？如果我和你没有好处可分享，我们拿什么做朋友？

做朋友要分享好处给别人，这样大家在一起的时候才会快乐。做情侣则要想着你跟他的结果会是哪一种，你要跟他长久地过下去，可以占他便宜，可以给他便宜占，如果只是互相慰藉一段时间，就尽量不要去占别人的好处，免得分手的时候让自己有太多的留恋。

同理，要一个人对你难以割舍，就让他觉得你好处太多呗。至于怎么样会让他觉得你对他有好处，那就要靠功力和领悟力了。

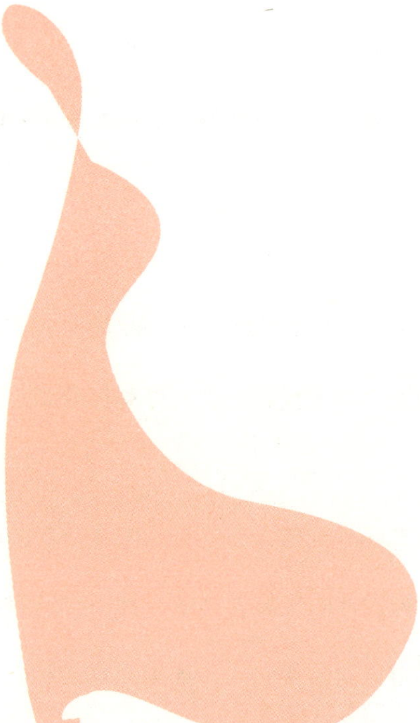

朋友是流水的兵

“别和陌生人说话，别做新鲜事，继续过平常的生活。胆小一点，别好奇，就玩你会的，离冒险远远的。有些事想想就好，没必要改变。呆在熟悉的地方，最好呆在家里，听一样的音乐，见一样的人，重复同样的话题，心思别太活，梦想要实际。不要什么都尝试，就这样活着吧！”

这是最近一个手机交友APP的广告。这样用反话卖广告，你确定所有的孩子都能听懂吗？我们身边确实有这么一群人，不仅是女孩，男的也有，他们不要跟周围的人说话，不要认识新的朋友，不要改变自己的生活，就这么活着。

可是实际上他们的内心就跟这个广告一样，用冲突化的旁白与画面，刻画出当代中国人内心对多彩生活的向往及矛盾的社交现状。

广告片中一边是画外音女声淡定地说“别做新鲜事，不要什么都尝试”，另一边是画面上不断闪现的各种新奇好玩的事儿，强烈的对比之下其实是在暗示和“刺激”用户不要只停留在线上的“神交”，更应该走到现实生活中去一起做一些有意义的事情。不要害怕去交朋友，也不要害怕去得罪朋友，你的一生会出现很多貌似朋友的人，如果你觉得不会，那是因为你没有去混圈子，任何一个圈子都由三个以上的人组成，更多的人的思想、发展和行为，其实都是圈子决定的。只要有圈子就会有朋友，学会跟陌生人说话，就好像陌生人跟你说话一样，你也不是那么难以接受。

我们有时候会羡慕有的朋友混得好，羡慕有的朋友认识的人多，羡慕有的朋友见识广。不用羡慕，跟她或他去玩吧，然后你就会像他们那样。天天坐在办公室的人，只会天天想办公室里的人想的事，为什么我们会看到那么多的老板不干实事天天混在一起？为什么会看到那么多无聊的人去参加连普通话都说不标准的营销大师的课程或各种系统的培训？其实大家都是去寻找圈子的，一个人办不成的事，三个人圈起来可能就成了。

只要是圈子就会有流水的兵进来。潮汕人做生意开门店，喜欢在店里放一套茶桌茶具，进门的客人，都欢迎坐下来聊天，喝茶是为了让客人即便不说话也不会很尴尬，起码是有事可做的。没有话题也没有关系，喝的茶叶有很多道道；话太多也没有关系，一直会有茶水润你的喉咙。只要能坐下来开聊，就可能有生意可做；只要能开声说话，总有用得着别人、别人也用得着你的事出现。

哪个朋友圈都会有图谋不轨、居心叵测的坏人和骗子存在，可是，我们不就是在这个险恶的生存环境里成长起来了么？

正能量发射器

有时候翻看朋友圈，真的好怕看到别人发牢骚。尤其是在工作忙的时候，如果有几个朋友不懂事，打电话来非要跟你诉苦，那真是要命。

如果一个人面相很衰，言谈总是唉声叹气，失魂落魄的，要是在以前满大街都是算命佬的年代，一定会被人说印堂发黑。其实算命佬看人不无道理，一个人总是充满了负能量，可想而知做什么事都会倒霉，本来想去买个水果的，结果因为语气不好就和卖水果的大妈吵了起来，然后又因为失魂落魄丢了钱包，回家的路上还有可能因为愤怒加暴躁撞到人或撞到树，一脸晦气地跟人埋怨的时候，一般人都不会去理解，而是立刻指出错误和稍好的应对方式，于是那个面相很衰的人就更加苦逼下去了。

我们在公众社交工具中经常会遇到各种人，包括能见面的朋友，有的人总是在发布负能量，特别影响别人的心情、观感和画面形象。通常这种人都不得人心，得到的结果不是被屏蔽就是被删掉，大伙要是约见起来都要考虑一下会不会影响现场气氛。

而相反如果一个人每天都带着微笑，每天分享笑话，偶尔还带着傻气自嘲的行为或者带着自己的梦想，就算他跟你夸夸其谈，但是你也愿意见到他和他交往。一个每天都述说梦想的人，一定会接近梦想多一点，就算他自己不前进，听见他的诉求的人也会去帮助他。一个每天都散布欢乐的人，一个会说段子的人也一定受到更多的人的欢迎，因为每个人都希望能够得到快乐。为自己做正能量的包装，把自己打造成一个积极向上的人。当你把自己当成一个发射站，你发射出去的电波所释放的能量总会吸引人来。

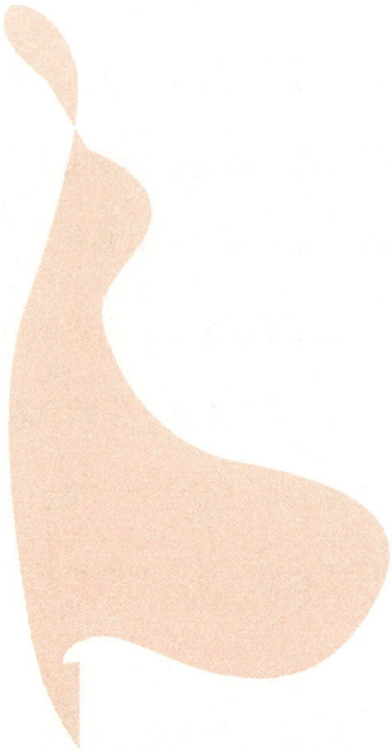

黑心闺蜜常暗涌

“闺蜜”是个好词，但是闺蜜也有不经意黑心的时候。

你现在再回想一下电影《闺蜜》，薛凯琪演的那个角色到底是好还是不好？为了把闺蜜留在身边，跑去勾引闺蜜的男朋友，回来还要嚷嚷说我给你证明了那个不是好男人。

这件事在我看起来真是黑心到底。

朋友圈里有一个微笑挑战，被点名的那个人要在自己的朋友圈里面放上点名那个人的照片和自己微笑的照片。一夜之间几乎全世界的朋友圈都布满了自信爆棚的亲们的自拍照。后来终于有人看不惯，说了一句大实话出来，通常女孩都会点一个长相不如自己没有自己好看的女孩，让自己亮相在别人的朋友圈里，然后收获赞美。闺蜜之间何尝不是这样？你没有发现，长得好看的女孩的闺蜜通常都是小胖妹或者女汉子。这是为什么呢？无非是红花需要绿叶衬托，也只有这样的组合会最长久——因为达不成竞争关系。

在闺蜜堆里面，总有万人迷和女汉子的存在，万人迷虽然偶尔也会形容自己是女汉子，但是她能够做万人迷就注定了她一定不会是女汉子，给自己这个称号只是为了哄一哄身边的这些闺蜜们，“我跟你们是站在一个阵线上的哦”。

你可能到现在还认为“女汉子”是一个用起来美美的词，在你用这个词的时候觉得自己棒棒的，特别有成就感。其实这个词对男人来说没有任何感觉，一个男人怎么会对一个女汉子产生感觉呢？除非他有GAY(同性恋者)的情结。男人无一例外都喜欢温柔的女人。“女汉子”这个词其实是女人用来讨好女人的一个词，是为了让你的女同伴更加喜欢你，因为只有女人才会喜欢汉子，男人又怎么会喜欢汉子呢？女人都讨厌那种男人喜欢的风情万种、电眼迷人的女人，就好像电影里面男人们看到一个女人举起手臂露出肌肉都会一脸恐惧的样子。也不要以为女孩子的头发剪短了就能给自己勇气，就能跟过去 Say goodbye（说再见）之类的，头发短的女孩子虽然干练，但不一定是男人喜欢的菜，你其实可以既长发飘飘又干练成熟的。有一个男性朋友跟我说过，他认为女孩子的头发就应该是飘逸的，香香的。可想而知发香和发质在男人的眼里有多代表女性魅力。

很多时候闺蜜之间会不自觉地表露自己的丑态和平时不为人知的丑陋想法，其实这种感觉也是一种暗涌，闺蜜之间的比较通常不会太直接，可以伸出手直接抓对方的胸，测量一下谁的胸大，绝对不会因为你的胸比我的胸大，就像自己的胸也很大一样沾沾自喜，这就是人和人之间没有血缘关系没有肉体结合相处在一起的隔阂。

有很多闺中密友，当和丈夫之间出现矛盾时，更是彼此讨教。可没想到，女友们的这些“招数”，竟险些毁了婚姻。当婚姻生活出现问题时，为了保卫婚姻，人们常常会想到向外界求援，或是搬来双方的父母、亲戚，或是向朋友讨招。可很多时候，由于外人的介入，反而使得本来可以通过夫妻间沟通就能解决的矛盾升级，甚至闹到不可收拾的地步。其实，向外界求援并不是不可以，倾诉本身就是一种解决方法，但求援并不等于盲目听信，对于别人的意见，最好能结合自己的实际情况，多作考虑再作决定，毕竟你才是最了解他（她）的人。

我并不是教你不去敞开心胸和闺蜜相处，有时候正是在不经意之间知悉了你弱点的人更容易成为你的敌人。

奇葩吸铁石

你们对“奇葩”的理解是怎么样的？二？傻？有趣？无厘头？二百五？

你有没有发现，你总是喜欢和奇葩一起玩？因为奇葩给你更多异于常人的想法，跟他在一起可以激发你的创作思维，还让你免落于俗套，甚至是让你也看起来与众不同。如果你身边有一些奇葩朋友，不要着急去奚落他或者停留在看他笑话的阶段。请你观察一下他的想法，他可能给你带来完全不一样的生活观念，而这种生活观念也许在无意中就会改变你的人生。你只要跟上一点他的节奏，没准你就会吸引来更多有奇形怪状想法的朋友。我是个有各种奇形怪状想法的人，如果跟一个没有想法的人呆在一起，有时候会觉得枯燥，这个世界这么多世面，这么多人，这么多的新奇，这么多的人与人交往、相处、共事的模式，如果你一直只知道一种形式，那不是很亏吗？

做一块吸铁石，把你喜欢的、想要的、感兴趣的事情和人都吸引过来。首先你要外露，把你最有价值的、最有趣的那一面拿出来分享给别人，分享得越多，得到的越多。这个世界，上帝制定了一种规则，你喜欢挑战，方法就越来越多；你喜欢放弃，借口就越来越多；你喜欢感谢，顺利就越来越多；你喜欢抱怨，烦恼就越来越多；你喜欢克服，成功就越来越多；你喜欢逃避，失败就越来越多；你喜欢占有，敌人就越来越多；你喜欢分享，朋友就越来越多！

如果你见到一个很多女人喜欢的男人，你也喜欢他，有一个办法可以让你变得跟他一样受欢迎，就是你去变成他，你去做他。每次我一说到“怎么样才能吸引男孩子”这个话题的时候，很多女孩子都会马上放下手中的事情抬头问我“怎么样才可以让男孩子们来喜欢我”。其实很简单，首先你去看你喜欢的男孩子是什么样的，他在做什么事情，他的气质自信从何而来，他的月收入多少，他是什么背景，你能不能做到他那样。如果可以，我敢打包票，围着你的男孩子跟围着他的女孩子一样多，而且你可能会喜欢上比他更优秀的男孩子。

想象你是一块吸铁石，将你想要得到的人和事分析一下，你要得到一笔投资，需要一个投资人，就去研究一下投资人需要什么，然后成为他需要的那一面。其实你想吸来什么就可以吸来什么，祝福得到秘笈的你，走过之处，信手拈来。

朋友圈标签由你定

我们在别人心里都有一个标签。就像我们玩那个评价别人的APP，总有很多标签让你挑，时尚的、傻帽的、二货、辣妈……你希望跟什么人在一起，首先请你先成为那样的人。

每个女孩子都有一个共同的对象，这个人又帅又高又有钱，家庭背景又好，还很有上进心，成熟有魅力，最重要的是对自己还专一！几乎所有的女人都有一个共同的梦中情人，谁都想找这样的人当老公，那首先请看看你自己值不值得拥有这样的男人。可以很负责任地告诉你，男人们也有一个共同的对象，他们都希望拥有一个这样的女朋友：温柔，身材好，长得漂亮，最好家境不错，而且自己很有能力独当一面，最重要的是有自己独立的经济能力。女人会给男人压力的地方只有一个，就是男人的钱包对女人来说能不能负荷得起。

把你要找的那个男人的标签贴在自己身上。有女孩问我，万一把自己弄得这么强大，这么能干，这么高不可攀，这么完美，会不会影响男孩子对自己的判断和追求？你有没有听过一句话，“一个男人永远不会嫌弃一辆昂贵的跑车，除非他开不起”，同理用在女人身上，一个值得你拥有的男人也不会嫌弃一个女人足够的好，除非他配不上。

有人问我，你介意穿一件上面写着“我是剩女”的衣服走在街上吗？我不介意，但是我不会天天拿“我是剩女”这个事情出来说，因为一旦这个标签在你的生活和形象中住下，就很难一下子改变过来，你将长时间在这种标签下生活，但如果你给自己贴上一个“白富美”的标签，你之后会发现一切生活上的事情都朝着白富美的档次去执行。而当你给自己贴上“屌丝”的标签后，你的潜意识会立刻让你配对，做的所有事情和方式都变得“屌丝”起来。标签的作用，在自己和别人身上都会深深地影响很长一段时间。

要找一个好男人，你要先给自己贴上一个可以接触到这样的男人的标签。而朋友圈的作用力有时候会大到吓坏你自己。

为什么学区房卖得这么贵？因为家长们都知道，上一个好的小学是孩子走进社会集体的第一阶段，孩子开始有了属于自己的社交圈，这个社交圈很可能就会影响到他的人生。我有一位开广告公司的老板朋友，把三岁的女儿送到一个国际学校寄宿，看起来很残忍，但是她是这样解释的，这是给她未来最好的开始，虽然上国际学校的费用很高，但是她给了女儿一个人生很高的起点。她身边的小朋友们的父母都不是一般的市井普通人，她的圈子将稳稳地托住她的人生。

在这个国际学校里面，女儿不仅可以结识到自己从小一起长大的高起点小伙伴，且不管受教育的接受度如何，每个人的发展程度如何，算上几率，这个国际学校里的孩子生活优质率绝对要高于一般学校。注意这里讲的是生活优质率，并不是成就率、成材率、成功率，因为对于大部分的人来说，生活的优质才是最终的追求，而不是所谓的成功、成材和成就。

利用与被利用

有时候真心痛苦地发现，自己无时无刻不被人利用。

从另一个角度来说，还真是件好事，说明你能力还挺大，能利用的地方还挺多。

长大以后变得功利，功利后就发现不再喜欢无厘头的和一些没有交集的人嘻嘻哈哈太多。

利用你的人通常对你也会不错，不要以为别人要利用你对你的好就不是真心的，恰恰是这种实打实的利益交换，没准你们就一直互相牵连一辈子。利用你的人也是最看得起你的人，不要担心他会过河拆桥一脚踹了你，社会的经验一直在告诉我们吃点亏没有什么坏处，利用你的人恰恰也是能欣赏你长处的人。能找到自己未知的可用之处的伯乐还不是一件容易的事情。

在我的创业过程中遇到很多人，有的人会因为你的平台接近你，赞美你，当他们在揣测他们可以得到某些便利的时候，对你好极了，但是当他们发现不可能在你身上得到太多的回报时，可能会马上抛弃你。对这些人，我都抱着感谢认识的心态跟他们接触，因为每一个能看上你的资源的人，都有可能跟你有进一步的合作。如果这次他没利用上你，那就等下回合作。合作就是一个互相利用的过程，我需要你的资源，你需要我的资源，我们来作一个整合对接，说好听了是合作，说不好听就是互相利用。

所以互相利用其实并不是一件坏事。我们当中的很多人，迫于生活生计和升学压力，只能专注于范围较窄的社会、经济事务，而未来的世界是一个大融合的世界，和历史又有很大关联。这个社会静悄悄地存在变革。许多人是不满足于现状的，但由于体制问题，无能为力去改变大的环境、大的秩序。但可以从改变自己和周围的人做起，按照自己理想的方式生活。

用鲁迅的一句话说："幸福地度日，合理地做人。"这句话到现在都是掷地有声的，所谓"合理"，就是去调节个人与社会的关系、利益和相互影响，不轻易斩断任何一条人脉关系，哪怕他一直站在伤害你的地方，谁能说哪天你的位置变了，他不但伤害不了你，还可以给你开一条路呢。

男闺蜜可遇不可求

这些年，在遇到感情打击的时候，比亲人还要扛得住各种被失恋的人摧残的，恐怕就是闺蜜了。

所谓闺蜜，就是经得住这些俗事考验的，不论境遇相差多远，都能真心祝福。闺蜜的“闺”，即“闺中密友”；“蜜”，有“小蜜”的意味。闺蜜是现在女性对女友的新称呼，她们在你人生还未成熟的阶段是你初始的蜜友，她们了解你的过去，可是对于一些特殊职业特殊情况来说，那些曾经的闺蜜就有可能成为你最危险的敌人。

但不能说女性比男性更有分享精神。一个女子爱上一个不爱她的男子会诅咒，而一个男子爱上一个不爱他的女子，更多的会是祝福。当然，这和从小获得的“做男人要大度”的教育有关。不过，对于具体事物上的分享精神，男人远远超过女人，后者与其说是喜欢分享，不如说是喜欢表达。是故，博客其实有 60% 之强是女性博客，而不是男性的。只不过就好像天下烧饭的多是女子（主妇型行为），而做菜的多是男子（厨师型行为），成名博客也是男性居多。

到底是男性主权社会造就了男性精英居多呢，还是男性精英居多造就了男权社会？这个因果，蛮搞的。不过，回过头来说，闺蜜，是人际传播中很有趣很值得研究的一个 issue（问题）。而且，更有趣的是，女性的闺蜜，就我所知，通常都是两个。也许三人行的架构，是一个稳定的架构？爱情，是两个人的事，而友情，似乎还真是三个人的事。两个人的关系在友情里面显得不够稳重，最好掺和进一个男闺蜜。

万科前大佬王石“王的女人”田朴珺小姐有个专栏叫“我的男闺蜜们”，男闺蜜们都是在各个行业中的精英，当然这些男闺蜜也成为田小姐很重要的一项资源。都知道人脉是不可复制的，何况是男闺蜜，复制难度系数较大。男闺蜜有个好处，就是你们不用有太多的感情瓜葛，也不会有太多的利益计较，通常男闺蜜要比女闺蜜好用，因为同是女人，很多事情尤其是占了上风让对方吃亏的事情，对女闺蜜而言是不可能做到的。凭什么啊，除非你是黑心闺蜜。但是你却可以要求男闺蜜去做，因为这个世界的习惯就是男人必须让步女人。不过，男闺蜜的女人通常会是你的敌人，哪怕你对她毫无恶意，她也会想尽办法让你一败涂地。所以尽量远离男闺蜜的女人，或者贿赂她，这样你才能尽享男闺蜜提供的便利。

还有一种男闺蜜，他们极具生活艺术感，虽为男人身，但是充满了女性气质，他跟你成为闺蜜是因为你能给他安全感，他关心你、责备你的时候，你不会太难过和反感，因为他用男人的面孔，给你女人的身同感受。你懂的，这种男闺蜜，可遇不可求，他也许比你更没安全感，他珍惜你因为他的朋友不会太多，他也不愿意向更多的人袒露自己的心扉。对这种闺蜜，且互相关心且珍惜。

找一个暖暖的、软软的、腻腻的暖男做闺蜜，跟这样的男人在一起既没压力也没火气，即便他是一个超级话唠。

有点距离更亲密

有时候朋友太亲密容易抬杠，容易互相妒忌，容易较劲，所以还是有点距离好。相处容易同住难，以前都是用来形容婆媳关系，其实无论是什么关系都一样，相处容易同住难。无论是和亲人还是朋友，甚至是你越想接近的人，都最好保持距离。不要天天靠得太近。

不要跟男朋友黏度太高，不要跟你的姐妹们天天形影不离。对每一种关系都分配好时间，这样的感情更牢固。成功的人都是精力超级旺盛，每天像个陀螺一样转个不停，能同时操纵十几个事情，并把每个关系都处理好。这种人通常不会浪费任何一个人脉和一闪而过的机会。这种敏锐度需要有足够的空间，跟每个人每段关系都有足够的空间，才能让信息都进入到自己的视界里面。

有时候，太亲密的友人对你会有负面影响，她可能会在不经意中把你已经忘记的负能量带出来，因为你们太熟了，每个人都会有情绪不佳的时候，保不准谁的情绪一不佳就把身边那个友人给捅了。而且这种捅还不是故意的，她只是掏出刀的时候误伤了站在旁边的你而已。

其实无论是女生还是男生，太过亲密都会给人一种不舒服的感觉，就像男人不能接受女人为什么上洗手间一定要叫上个伴同去一样，感觉很别扭，甚至更多的时候，太过亲密的同性也会被误以为是同性恋。同性依恋是中学阶段的普遍现象。初中两个女生特别要好，每人潜意识都需要同性友谊，这比异性友谊更深。当她们大一点的时候，对这方面就会变得低调。另外，很多中学生由于身处较为空虚、孤单的环境，渴望情感交流，就很容易将强烈的感情投向同性，这和初中拍拖原理一样。这种同性依恋是很正常的，但往往在恋爱过程中受挫的女性，没人对其进行正确的引导，她会对异性恋失去信心，转而倾向同性。

要保持一份长久正常的关系，还是有点距离更靠谱。

交换人脉

很多人跟我说，你怎么这么笨，老是把自己的关系介绍给别人，别人都私自联系上了，还有你啥事呢？！

我也很郁闷，别人联系上就联系上了，我还想有啥事呢。

我把朋友互相介绍的时候都只想着分享一个朋友，多交一个朋友，从来没有想过这是一段关系，也没有意识到我要把它过继给另外一个人。

有时候朋友之间的经营，一个人是玩不转的，街上卖着无数如何经营人脉的书，一点作用都没有，那些都只是适合给做直销的人看的。真正要能把人脉运作起来的，只有交换。

一个人的时间太有限，你要有很多很多的朋友，一天睡醒不吃不喝，招呼三个朋友，与这三个朋友分别安排在午饭、下午茶和晚饭或宵夜K歌的时间去联络感情，一个月也只能跟90个朋友互动，这90个朋友还只能一个月见一次，那意味着你90个以外的朋友可能三个月甚至半年一年都见不到一次面。这种情况怎么办呢？我的方法就是互相介绍认识，约会的时候凑到一块去。

我这种朋友经营方式很多人可能不同意。但是我的朋友即使三个月、半年、一年甚至三年不见面，他或者她都不会忘记了我，应该还会惦记一下我，因为我们之间有很多朋友会去帮我联系他们。这些朋友或者会跟他或她有生意的往来或者生活的往来或者感情的往来，但是他们中有我一个共同的朋友，他们是通过我认识的，总有一天他们会想起我。不需要我请吃饭联络感情，我就坐着等吃他们请的饭就好了。

我是一个很乐意将朋友相互介绍的人，可是我曾经看到过很尴尬的场面，A 朋友和 B 朋友在一起，碰见了 A 的另一个朋友 C，在不得已的情况下，三个人或者四个人必须呆在一起一段时间，A 打死都不主动介绍 C 给 B 认识。我有时候难以理解这种不礼貌的情况的出现，到底是 A 忘了介绍还是不愿意介绍？还是他认为不需要介绍？假如我碰到这种人，我一定认为他是相当没社交教养的人，我面对这种人的态度不会背后说他的不好，但是我不会再跟他主动交往。与没有社交教养的人交往，是一件很憋屈的事情，因为你会经常需要忍受一些你难以置信的状况。

我有很多的朋友，而我的朋友们都很开心会见到我，因为我们在一起的时候，通常不仅仅是1+1=2，而是1+1=3甚至是更大的数字。我认为这是一种社交诀窍，让朋友得到更多的朋友，让自己的朋友们拥有更多的共同话题。

交换人脉，你将变成一个有趣的人。而成为一个有趣的人，就是人见人爱，花见花开，车见车载！

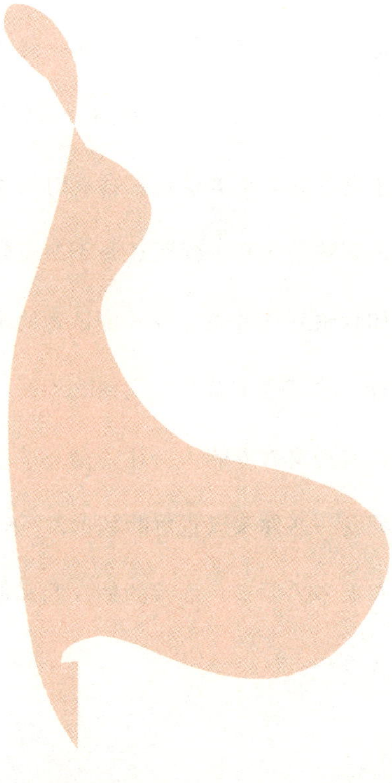

媒婆三八不能停

如果你跟几个朋友呆在一起大家也不说话，相对无言，说你们关系再好也是扯淡，大家心里都不知道有什么芥蒂没解开呢。

要跟一个人迅速地好起来，有一个最快的办法就是找点三八来说。我说的三八不是一般的风流韵事，可以是你身边任何人的信息，无意中如果你成就了一个媒介媒婆的角色，那也是你和朋友之间关系的延续啊。

就算你认识很多人又有什么用？在你什么都还不是的时候，认识的人都不能转换为价值。要把认识的人和关系转换成现实价值，就要有自己的项目，而这个项目需要你不断地去诉说。在这个互联网时代，处处是贩卖梦想的人，而成功的只有少数，我相信一个个贩卖梦想的人都是绝顶的演讲家，他们会在任何场合任何地方展现出自己的梦想欲望和求生欲望，他不会因为你的一次奚落而闭嘴，也不会因为没有人听自己的计划而止步，他们处处心灵鸡汤，在说服别人的同时不断地给自己打梦想的强心针。成功就是失败走剩的路，“成功”这个词是看你经历多少挫折后达到的微小概率。

最近很多人玩众筹，说白了，这也是一种人脉资源变现的渠道，就是通过人脉让大家来支持自己的计划和想法。什么叫众筹？天冷了，我邀请五个人吃火锅，给第一个打电话：“顺路买点菜来，就差蔬菜了。”给第二个打电话：“顺路买点羊肉，就差肉了。”给第三个打电话：“顺路买点冻豆腐各种丸子，就差这个了。”给第四个打电话：“就差酒了。”给第五个打电话：“就差点火锅底料了。”然后，挂电话烧锅水坐等，我的成本 = 电话费 + 水电费！

当然了，这是用一个简易版的说明来揶揄众筹现象的。但是不可否认，众筹最早就是从身边的朋友开始募集资金创业，众筹最初是艰难奋斗的艺术家们为创作筹措资金的一个手段，现已演变成初创企业和个人为自己的项目争取资金的一个渠道。有一段时间也是由于我的人缘好到了一定程度，连朋友的母狗要找同品种的公狗来配种这种事情都有人托我帮忙。很长的一段时间，我一直在琢磨这个问题，到底是因为我看起来比较傻、不太计较，还是我看起来有钱？抑或我看起来认识的人多关系网交叉密集，让大家觉得和我一起做事做生意有奔头？

后来我发现作为一个让别人觉得你消息很灵通的人，自然会有更多的人愿意将有价值的信息提供给你，哪怕他们不是想让你去传播这个消息，也许仅仅是因为他们找不到人去谈论这件事情而已。也许他们跟我说起他们的发财大计的时候也仅仅是这种原因，而既然跟我说起了这件事情，如果我有兴趣的话，那就正好一起做吧。

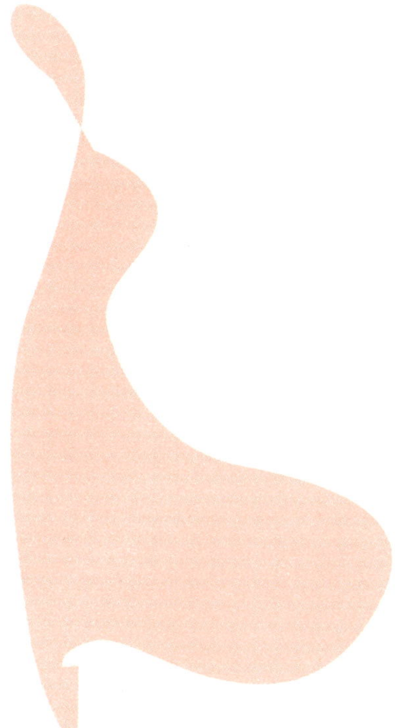

互相吹捧才吸引

互相吹捧是一种最好的吸引方式。先回忆一下你喜欢的人，是不是都有欣赏你的地方，是不是你也有欣赏他的地方？

如果你愿意把欣赏他的地方放大一下，可能他会因此对你有更大的好感。

你一定喜欢你的男朋友每天夸奖你漂亮、乖、好厨艺、有创意、能力强。而百分之一百的男人都不会对崇拜自己的女人产生厌恶感，哪怕这个女人长相很丑、体型很胖或者对别人很差。只要你会发现别人的优点，并且乐于对外展现出来，当你清楚明白这一点，那么对你来说，基本上可以搞定所有的男人女人。

有一个流传很广的段子：女人的品位看她的服饰；女人的价值看她的丈夫；女人的性格看她的语速；女人的修养看她的家庭；女人的智慧看她的男人；女人的魅力看她的微笑；女人的胸怀看她的包容；女人的勇气看她的眼泪；女人的抱负看她的学历；女人的寿命看她的姿色；女人的成就看她的后人；女人的学识看她的气量。这段话，每个女人看了之后都会很舒服，因为每一句话都在捧着女人。

在聚会中，我很喜欢吹捧跟我一同出席的朋友，对在互联网公司上班的朋友，我会介绍他们是追逐梦想，一转身，天亮上市就身价过亿的人；跟长得漂亮的女朋友一起，我会告诉别人她除了长得漂亮外，还有什么特长和能力；跟自己崇拜的人在一起，那一定不会不好意思，我会直接把自己的内心倾慕表达出来。有时候朋友们明明知道水分过大，大家都不会太介意，也只当怡情一笑。但是，所有和我一起的朋友们当时都会觉得很爽，很开心，因为我总能挖掘到他们的优点和长处用来做他们的介绍词，而新认识的朋友也会很爽很开心，因为他们很迅速地就知道了刚刚认识的这位朋友的优点。做一个会捧人的人，一定会吸引来更多快乐。把别人的优点分享出去，最神奇的效果就是，你会得到这些优点的附身，你的记忆中会刻录住他们的价值，这样围绕在你身边的就全都是有价值的人了。

萨米·戴维奇说：“我不知道何谓成功，但我知道失败是什么，失败就是想要讨每个人的欢心。”你可能会觉得我的文章在前言不对后语，前面的论点被后面的观点推翻。让你不需要讨每个人的欢心，并不是推翻前面教你的如何让人喜欢你，爱上你的方式方法，而是你也应该学会一点点的拒绝。一个不会拒绝别人的人太累。我曾经做过这样的人，每个人对你的请求你都不好意思拒绝，最后每个人都没讨好，落下一个不靠谱的罪名。

你需要不同类型的朋友

我们在通讯录里都会区分同事、同学、亲戚、朋友。朋友里更应该细分。

我一个女性朋友曾经在我组的一次饭局之后恶狠狠地对我发过话，说，你应该把你的朋友圈分一下！不要什么人都互相介绍！你和他们都玩得来，我和他们不一定玩得来，不要让他们互相串了圈子，别人会对你有看法的！

我纳闷了好一段时间，为什么别人会对我有看法呢？

后来我发现，果真如此。

你会有“富二代”的朋友，有知足常乐的普通白领同事，有娇纵物欲的女朋友，还会有欣赏你的领导和老板，这些人各自的圈子都不一样，因为你，他们可能会互相认识，如果他们相互联系得比跟你联系还要密切，那似乎你除了吃一点点的醋外，其他并无害处，但是他们万一互相看不起，就连带你的风格都有可能会被误会了。

有的朋友是用来打发无聊的，有的朋友是用来协助快乐应酬的，有的朋友是跟家人在一起的时候也可以带出去玩的。每个朋友跟你处的阶段不一样，有的是初相识，有的已经熟到烂掉；有的对你了如指掌，天天指着你的鼻子骂你不靠谱，邋遢；而有的朋友才刚刚觉得你是个很nice（友好）的人，是一个亲和力至强值得交往与信任的对象。但是，如果你把这些原本八竿子打不着的对象拉到一起的话，很有可能你的好事就被你的好友搅黄了，然后你还不能怪罪他，因为大家本来都没有错，错的只是你让他知道的太多。

很多交际高手都会经历交友的几个阶段，从每天电话不断，不同的饭局、不同的朋友圈活动到厌烦接电话，接受来自不同圈子的各种声音，再到细分功能，找到自己最舒服的朋友圈。当你能够自如地将不同的圈子对接在一起产生效益的时候，那说明你把圈子管理好了，并且不沉迷在吃喝玩乐中。

但是作为一个乐观向上并且没有戾气的美好女子，你最重要的朋友圈里一定要有姐妹淘，只有这个姐妹淘的朋友才知冷知热，才用心去关心关照你。这样的朋友最值得信靠，是你居家旅行必备。找三五个知己，学会去爱她们，把自己的内心和所得跟她们分享，在你任何时候，她们都会在你身边。不要抱怨你找不到这样的姊妹，不要问为什么我找不到这样的姊妹，先审视自己凭什么能得到这样的姊妹，先看看自己，你付出的爱一定会有依托！

美好的女子，一定有美好的姊妹。

说出不能说的秘密

人与人的熟络，有的时候确实是从分享一个秘密开始的。当然这个秘密是相对的，谁说“今天天气很好”这句话不是在暴露一个秘密呢？

很多人都不明白为什么有的人天生就受人欢迎，得到很多朋友的青睐，而有的人无论是跟人见多少次的面都始终活络不起来，依然有距离感相处得非常拘束。交情的深浅，通常都是看有没有可以大家一起分享的东西，最快速能让人产生交情的就是分享，而最便捷便利的分享就是秘密。简单的从第一句“今天的天很蓝，但是明天会有台风哦”这句话开始，就可以是一个秘密的开启。

我特别喜欢跟有大量信息的人在一起呆着，就算让我斟茶倒水请客鞍前马后我都愿意，因为我总是能从别人的大量信息中吸收到营养，放到自己的想法中，就算是听几个小时，也会觉得时间花得特别值得。相反，如果一次约会，进行的都是毫无意义的交谈，我会觉得好累。所以每次约会，如果对方不是具备大量信息的人，我就会让自己具备大量信息，好让对方不觉得这次会面太过无意义。

也许是这种执著，让我得到很多朋友，而且每个朋友都不会是无意义交流的朋友。

有时候把自己的秘密说出来也是一种分享和分担，没什么大不了不能说的秘密，我的一个朋友，典型的天蝎座，把所有事情能说的不能说的都放在心里，而且自己也认定了有的事情就算烂在心里，把自己的心都腐烂了，都不能说出来。这个朋友过得很累，很凄凉，我觉得是这样的，因为他有太多不想说的事，导致了他变成一个很闪烁的人，大家都觉得他做事有很多苦衷，但是他又不肯说出来，结果大家都在埋怨他，都不能理解他。他也因为不能被人理解委屈得要死。

发展知己是一个让自己变得开心的方式，并且要学会发展知己。很多女人的知己就是自己的老公，自己的所有事情都可以跟老公分享和分担，而一旦和自己的老公发生了问题，找谁去分享和分担呢？这就变得没有解决的出口了。

我不喜欢几个人坐在一起只是闲聊度过一个闲暇的下午，我希望在闲聊中可以解决一些问题。或者说，我把闲聊定义为发展友谊。只要你做每件事是有目标的，你就不会感觉到日子的白过。

生命就是拿来折腾的，为什么要等死？所以不要怕公开秘密，为自己的秘密找一个出口，不要怕秘密泄露后被折腾，有些事说出来才能找到解决办法。

我的一个朋友，是个旅行家，有一次，他到了国外一个小镇，小镇上有一个教堂，不知什么原因他就进去了，进去以后，突然间他就特别想说话，于是他就跟着里面的基督徒一起祷告。他一个人祷告了半天，说了几个小时，说完之后，他跟我们说，我终于知道为什么你们要信上帝了。那一刻，他突然发现，上帝已经成了他的好朋友，他已经把这些年来烂在心里的话通过向上帝诉说，找到了一个知己。

毒舌带来负能量

从小我们就被灌输要敢于直面惨烈的人生，但是对着朋友的时候，我建议还是不要跟他一起直面惨烈的人生为好。

跟朋友在一起就是要追求美好，就是要正能量爆发。

再惨烈的人生，都不需要你去直面，因为直面人生的背后藏着一个词：毒舌。

做一个毒舌的人，并不像在电视上那样会风光无限，我们喜欢电视上那些毒舌的明星，是因为我们不会跟他们交朋友，我们只是喜欢看他们奚落别人，喜欢看别人听完他们的毒辣点评后的表情，喜欢那种自己不能说别人，而又能听见别人尖锐地指出缺点的那种淋漓尽致。但是就算一个人能准确地向你指出其他人是坏人和骗子，那也不能证明他就是个好人而不是一个骗子。

在现实生活中，我们特别讨厌毒舌的人，尤其是不喜欢毒舌的朋友。因为他的毒舌带来的都是负能量。

直面人生太惨烈，为什么要这样做？每个人都需要有一些经历，活着有可能就是为了折腾。

我的老大一直跟我说，金婚就是一个悲剧，这是他看完《金婚》这个电视剧以后的感想。故事开始于新中国热火朝天的1956年，文丽（蒋雯丽饰演）与佟志（张国立饰演）是一对平凡夫妻，他们的婚姻始于阳光灿烂的20世纪50年代，跨越了新中国历史上变化最激烈最巨大的五十年。这部戏是男女主人公的五十年婚姻生活史，一年又一年地讲述了这对夫妻五十年坎坷婚姻路。两个人结婚五十年，遇到太多事情了，每一件事几乎都让人撕心裂肺的疼痛。而且还只是一对平凡普通得不能再普通的夫妻经历。那个年代的爱情可以如此坚固，换到今天早就已经离婚五十遍。你应该预见性地了解到人生就是这样，你必须经历这些不美好才能到达美好的终点站。金婚是他们经历了五十年的苦难，最后金婚庆典时两人再对视已经都是白发苍苍。这真是让人五味杂陈。

看完这些直面人生的画面和经历之后，觉得他们真的还不如早早地离婚算了，可能各自还能找到更好的人。所以为什么人家说糊涂一世是一件好事，有很多事情你看不清楚未必不是在保护自己。

我有个女性朋友，总是很关心身边的闺蜜的感情状况，心存一万个好意地希望闺蜜能够找到好归宿，总是用过来人的语气询问闺蜜的感情发展状况。关心本没有错，但是人家发展好好的，她总是教育别人如何在两个人离婚前保障好自己，那就真是太煞风景了——谁在结婚之前就想好了离婚的事？这种策略永远只能由当事人自己去策划，怎么容得下你当面的插足指导？哪怕是再好的朋友，再亲的人，丑话永远不要说在前头，不要当面涂黑墙。

人生就是无论如何你都会经历惨痛，何必还要去惦记着这不开心的遭遇和感受？只要你心里有个底，为何不带给别人乐观的正能量？别总是处处说一些你已经看透了的话。无论是你还是别人，享受快乐总比时不时被人挫伤要爽得多。时不时让别人很爽的人，自然人缘也好。

Q&A 女神

陈 扬 / 著名主持人

Q：门当户对到底有多重要？

A：门当户对非常重要，不关乎地位金钱，只在于家庭教育背景和生活习惯。

Q：当两人都向外挑剔对方的不足，注意力都放在对方如何不对的时候，心中就只有怨气甚至是恨，你怎么平复这种心情?

A：到了这阶段，神仙都没有办法，能熬多久就多久，不行就分开。

Q：到底是男人仗义还是女人比较仗义啊?

A：仗义问题与性别无关。

小 新 / 技术宅男

Q：如果一个女孩天天在朋友圈展示她的下午茶，你会怎么对这个女孩做一个评价?

A：装逼，晒命，闲得蛋疼。请那些女孩也不要整天转那些所谓的心灵鸡汤。

GREG / 徐福记财务总监

Q：你通常会给什么样的人面子？

A： 尊重彼此的人。

Q：什么情况下会让你觉得特别有面子？

A： 完成事情的时候。

王 乐 / 艺术男装 VISOME 创始人

Q：你觉得一个未婚女孩最需要做的是什么？

A： 不慌不忙，在最好的青春时光里让自己慢慢沉淀与成长。

Q：对艳遇有什么看法？什么叫艳遇？

A： 除非是一见钟情的邂逅，否则艳遇就像是毒苹果，看起来有魅力但充满危险，所以艳遇是不能期待的，顺其自然，勿忘初心即可。

张 琼 / 民歌歌后

Q：你怎么看一个经常组局的女朋友？

A： 我偶尔也会！组局是很正常现象，也是朋友从陌生到熟悉的必经途径之一，更是合作的途径之一。我认为组局的前提是对双方都了解，做朋友也好，合作也好，组局人也要对彼此负责任，组局组好了等于做了一件善事，组得不好，组局人就成了皮条客，所以对组局我很慎重！

程 侃 / 《新闻日日睇》记者

Q：你希望太太是个做饭高手吗？

A：不重要，会做更好，前提是不用我洗碗。我不会做饭，我也不愿意做饭。

卷三 男女间

“你觉得女人买什么东西是你不会阻止的？”

“女人买什么都可以，但一定不能贪图廉价建仓，只要能用得上的高品质的都可以买。其实男人特别怕家里杂乱，家里一杂乱，男人就会觉得家中女人无能。”

该用脑子的时候错用感情

女人有一个缺点，总是在该用脑子的时候错用感情。

我一直很佩服逻辑头脑清晰的人，总觉得逻辑清晰的人的脑子不容易被感情控制。或者这样说，女人总是被感情控制头脑，男人是用头脑控制感情，不排除有像女人的男人和像男人的女人。

女人总是这样去想象男人：他一定是因为爱我才这么做的，他可能是不想我难过，不想我白费工夫，不想我走错路……

男人是这样想女人的：她这样做代表了她是这样想的，她的内心一定是缺乏什么，她这个细节代表了她的潜意识，代表了她的家庭教育，代表了她的内心想法……

我的珠珠姐姐最近的烦恼是她的男朋友病了，她的男朋友是一个比她大 30 岁的男人。有一天，她给我打电话说，我男朋友病了，但是他又不肯告诉我他在哪儿住院，你跟医院的人熟，你能帮我查到他住在哪个医院吗？我说大姐，怎么查啊，你以为有个身份证就能查到他在哪住院啊，那以后警察都不用悬赏缉拿通缉犯了。

珠珠恍然大悟，是哦。

过了这两天，珠珠跟我说，她男朋友找到了，她这个老男朋友人在出院的那一刻给她发了一个坐标，她妆都没化就飞奔打车去，去到医院，医生说那个病人刚刚走了5分钟。珠珠拍着桌子对我说，“你说他是不是算好的！这是扮演电视剧情节来耍我吗！还要给我发个信息说，我这样的男人不值得你这样的女人去耽误青春。”

这头珠珠拍着桌子，一转脸就跟我说，你说这个世界上原来还真有这样的男人啊，他一心想着不能耽误我，所以不见我，生病了也不告诉我。珠珠抱着我说，你知道我去到那个医院，他住在哪个科吗？“老人病科”！原来他除了糖尿病还有前列腺炎，还有心脏病，他肯定是觉得自己住在“老人病科”里，这个事情太没有面子了，他觉得自己就是一个老头，而我还有大把的青春，他一心就是不想我以后难过……

珠珠开始沉浸在自己编造的落泪剧情里。

但是坐在旁边很不入戏的我，头顶着三根黑线。

她总是这样，前一刻显示出自己的精明头脑，后一秒就马上坠落在自己编造的感情故事里面。说到这里我们都清楚了吧，这个比她大30岁的男人就是一个骗子，当然我们现在说一个人是骗子，并不代表骗子就是欺骗金钱、色相和感情，也许就是个段落骗子。

段落骗子就是在不同的阶段编造故事骗你的人，并不是他一开始就想骗你，或者过了一半，他觉得需要一个善意的谎言继续下去，又或者他需要一个不管会不会被你识破但是可以让他干脆抽离的借口。

通常这种段落骗子都很容易被闺蜜识破，只是当事人总是该用脑子的时候却用了感情去判断，于是反过来被自己骗得一塌糊涂，最后还赖了别人。

抄牌王

身边有的单身男士，见到美女就会互相推着，小声嘟囔，快去抄她的牌。

不是抄她的车牌，而是抄她的手机号。

我们身边很多看起来条件很好的男人，可能就是抄牌王，他们乐此不疲，以此为乐，并津津乐道。

遇到这种男人，不是不能交往，而是只能拿他当成一个笑话随身携带，或者跟他一起成为抄牌王。

自从有了微信和陌陌，抄牌已经不是一件难以开口的事，大家随口就可以说出：来吧，我们扫一扫吧。抄牌以后也不用像00年代那样手机握在手里犹豫着要不要给他打电话，而是只要打开微信再查查朋友圈，就知道这个人这个月干了什么，上个月在哪里，用大约十五分钟到半小时的时间就可以了解完一个人的个性、生活圈子、人际交往能力。

遇到抄牌王要淡定，有的女生特别不喜欢那种一看就很花心的男人要自己的电话，但是一口回绝未必是最好的选择。

这个年头，谁还要做那种忠贞不二、被男人多看了一眼就心生怨恨、骂骂咧咧的女人呢？男人不坏女人不爱，不热心“抄牌”的男人，可能也没有女人爱。天天“抄牌”的男人可能还被女人倒追着。

女人如果换个态度，可能变得更受欢迎。当然，这种欢迎是异性缘更重，如果你要挽回女同性的分数，既做女抄牌王的同时也可以大大咧咧地称呼自己为女汉子。我就是男人性格怎么了？“女汉子”这个词不是说给男人听的，恰恰是说给女人听的，为的是在女同伴中拉近距离。

我们闺蜜中有个男性朋友，有车有房有稳定工作，身材高大，面相端正，人品老实，按理应该是抢手货型，偏偏就是追谁谁不受。后来我们总结出原因，因为他不够坏，跟他出门带再多的女闺蜜都不用担心，他绝对不会主动抄别人的牌。腼腆起来甚至让人觉得有点娘，正是因为这种性格不够放，反而他喜欢的很多有能力、开朗爱交友的女孩子都看不上他。恰恰有个女闺蜜相反，出门就爱抄牌，不管男人女人一律通杀，这种性格不单得到了很多男性朋友，也得到了很多女性朋友。

我很鼓励女人做抄牌王，如果抄牌是种坏，男人变坏就有女人爱，女人变坏就有资源卖。能卖资源的女人总比只能卖面孔和身材的女人能力大！

只收礼物不回礼

这种说法有时候真的让人觉得好小气。但是在爱情里面，主打词就是小气。

为什么我主张不回礼呢？回礼这不就变成一件很有负累的事？动机是回礼，但这个动机在爱情中显然不需要存在。

通常都是高富帅给女神买礼物的听得多，给男友和老公买礼物都是女屌丝多。很多女孩说交过这么多个男朋友，还真的不是每个都有那点心思，在每个纪念日拿着礼物来哄你的。

送礼物这件事啊，其实得培养，有的好女孩，就是爱为男人着想，男人好不容易送上一件礼物，嘴上嘟囔两天这个东西太费钱了，还不如直接给我现金呢。曾经我也一度是这样维护男人钱包的好心肠，眼看着男人要去买玫瑰，赶紧摁住，把钱省下来。这年头不一样了，眼看朋友圈天天这个晒钻戒，那个晒一捧蓝色妖姬，再想想自己，多久没有手捧过鲜花上路。然后终于明白，那些年省下来的玫瑰钱一样浪费掉了，没有得到浪漫，也没便宜到自己。

女人在自己的任何消费上都可以节省，在男人对自己的消费上绝不能手软。多少坑人的劝告，告诫女孩子们对自己好点，要买多贵的东西，要如何出手阔绰武装自己，多少年来的女神个案告诉我们，女人唯一应该硬朗的，就是努力地让男人给自己钱花。

上大学的时候，我身边的同学个个是大美女，在宿舍里，一熄灯大家就开始讨论，谁谁谁又收到了什么礼物，她男朋友送了三千块一套的护肤品，她男朋友送的一万块的名牌包，她男朋友去买了卡地亚的情侣手镯！！

这些听起来价值不菲的东西，不一定都是土豪男朋友才能买得起。有钱的男友不一定愿意送你礼物，没钱的男友也不一定不会给你买好东西。多少年来我们希望得到女神们狂收礼物的秘笈，到最后我才发现两个定律，还只能告诉闺蜜，请看书的男人自动跳过这一段。

1. 会送礼的男人，绝对是天性，他真心想让你开心，所以给你买觉得你会喜欢的东西。这种男人很多女人喜欢，如果你遇到了，手到擒来。

2. 不会送礼的男人，可以被培养，但是需要有铁石心肠的女人去栽培。通常这种人需要女人主动要求礼物，甚至直奔商场，只等他付钱。

至于只收礼物不回礼，那是因为，女人不需要靠送礼物来笼络男人，男女有别，男人需要的是空间，需要被冷落，你有这点时间去痴缠他，不如看看做点什么能让自己在他心中增值。

其实很多礼物，人家在设计的时候，就是男人买给女人的。好像卡地亚的LOVE手镯，这款手镯最好还是别人帮你戴，它的设计理念就是以爱为主题，把手镯系于爱侣的腕上，用螺丝刀将爱锁住，没有螺丝刀，手镯将不能被打开；佩戴这款饰物，就如同把两颗心永远系在一起。其最大特色是需由情侣两个人协力合作才能佩戴，形象地诠释出爱情的互信与忠诚。

我也见过很多女孩子自己去买来这款手镯，如果自己戴还有什么意义呢？礼物的意义在于他给你的那一刻，他为你戴上的那一刻。

如果反过来想象一下画面，是不是有点无法接受？

女人天生会嗲

好像真的没有不喜欢被女人嗲的男人，哪怕那个男人远远看着美女嗲别人，嘴里说着好恶心。你试试走到他面前发一下嗲，他马上腿软了。当然你样子不能太吓人。即便如此，恐龙发嗲也比恐龙咆哮显得容易接近人。

发嗲的功力中，声线很重要。其实这个功能我也是到了25岁以后才出现的。这个功能我会了以后，我发现我发音的方法有变化，顺带说话的声音也好听了。

各位闺蜜，声音还真的是要练出来的，声线甜美绝对是加分标准。有一女朋友，身材胖胖的，但是声线极佳，每次和她聊微信被旁边的朋友听见都会说一听就是个温柔可人的妹子，能否介绍认识一下？其实这位甜声女友，不仅个性泼辣，说话还很刻薄，身材臃肿，按理来说，和她交往无论是男人还是女人应该都很难坚持下去，因为她实在是太刁钻太难相处了，但是这位女朋友依旧有很多朋友，为此，我又专门研究了一下原因。

首先，这位女友衣着时尚，有着上进思想，出入名流高级场所，比如旋转餐厅、五星级酒店、超贵的沙龙、健身房，晒名车代步，晒股票涨跌。最重要的一点会发嗲。男人很现实，先看女人长得好不好，身材好不好，家庭背景好不好，本身赚钱能力好不好，再深入了解人品好不好，脾性好不好，在男人还没有了解到这个女人到底善不善良、贤不贤惠的时候，他能对你产生兴趣和进一步交往的原因会很直接，就是你要嗲。

嗲会让男人没有抵抗能力，作出错误的判断和选择。电视剧中经常会用这样的桥段，找一个长得很丑又很胖的女孩子向男主角发嗲，男主角通常都会浑身触电般起满鸡皮疙瘩，恶心呕吐。但这是电视剧刻意戏剧化的效果，真实生活中，没有人会像电视剧中的丑女孩那样发嗲，也不至于让人有产生呕吐的想法。真实的世界是，不好看的女孩如果连嗲都不会，那真的会很遭人怨愤。所以女孩子，无论好不好看，嗲一定要学会，从发音开始吧。

“嗲”字在上海话里面用得最多。上海人总说“嗲女宁”，说的就是很不错的女人、很有魅力的女人、很可爱的女人、很喜欢发嗲的女人，等等意思。要看具体情况具体理解的。在上海，“嗲”多用来赞美一样东西或一个人好，比如说，这个东西很“嗲”的，就是说这样东西很灵的，很好的。

嗲女人＝漂亮女人＋可爱女人。这个年头，女人们都吼着要做女汉子，你可知道男人们只欣赏嗲妹子？面对男人的时候，放下你的汉子情结吧，开瓶盖的事情还是给男人做，开车门拉门把的事情还是留着男人为你做，做一个会嗲的女孩，让男人有服务你的欲望和满足感。这才是男人眼中的乖女孩。

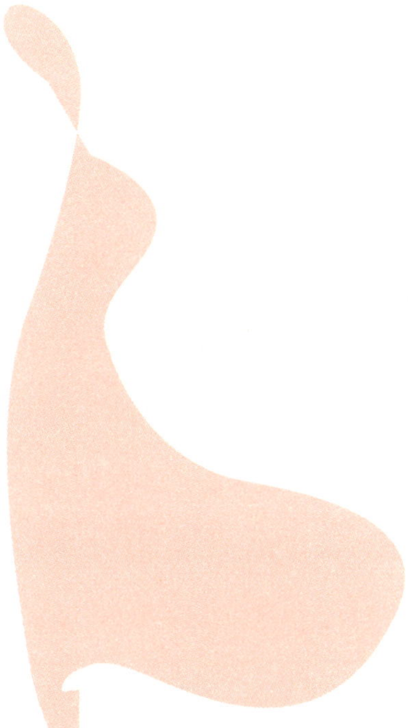

制造坑让他跳

美女有个共同点，就是坑，可能因为有优势，于是总是制造出坑。

男人有个毛病，就是爱被坑，你宠着惯着让着，可能他就没那么在意了。你偶尔坑一下他，嘿——他还真赖上你了。

男人喜欢挑战，难度越高的事情，只要他看到成功，就会去使劲。一个毫无难度的项目，显然不容易引起人的用心。想要男人对你用心，那你造的那个坑一定要深，深到这个男人掉下去爬不上来。虽然听起来有点狠，但是哪个好男人不是被狠心的女人给坑到的？哪个好女人又不是被狠心的男人给坑的呢？

用男人的思维来谈恋爱，显然受伤害率会降低。传统都是男追女，男追女中又存在很多必胜技巧。现在这些必胜技巧拿出来，一研究基本都可以反过来用，应用在女追男上，也百发百中。最近很多人拿沉没成本来跟女人们说，把前男人忘记吧，让投入在前男人身上的时间精力和钱财青春都随风而去吧，那些都是沉没成本。

沉没成本（Sunk Cost），是指由于过去的决策已经发生了的，而不能由现在或将来的任何决策改变的成本。人们在决定是否去做一件事情的时候，不仅看这件事对自己有没有好处，而且也看过去是不是已经在这件事上有过投入。我们把这些已经发生不可收回的支出，如时间、金钱、精力等称为“沉没成本”。在经济学和商业决策制定过程中会用到“沉没成本”的概念，代指已经付出且不可收回的成本。沉没成本常用来和可变成本作比较，可变成本可以被改变，而沉没成本则不能被改变。

沉没成本是经济界最棘手的难题之一，处理不好很容易导致两种误区：害怕走向没有效益产出的沉没成本而不敢投入；对沉没成本过分眷恋，继续原来的错误，造成更大的亏损。

很多女孩会因为不舍得这个沉没成本去留住一个不适合自己或者已经变味的男人，对沉没成本过分眷恋，继续原来的错误，造成更大的亏损。就好像一些姑娘爱上一些烂人，因为觉得之前付出太多了，甚至怀孕了，就勉强嫁了吧，结果婚后更悲惨……

沉没成本基本上是现在电话和短信诈骗的核心支撑理论了，一般骗子一开始都让你交一点小钱，等你交了，就让你慢慢越交越多。很多人觉得，如果后面不交，前面就都拿不回来了，所以怀着侥幸心理，一再追加投入，最后越陷越深。很多投资公司也这么干的，让你一开始出点小钱做一些评测、资质、标准，很多人越投越多，想到万一成了可以拿到上千万投资，就咬牙坚持一路评测下去，最后血本无归。

男人对沉没成本的判断力显然要比女人强很多。但是，既然是经济界的棘手难题，就是一个令常人难以抗拒的坑。这么大一个坑，女人挖出来，男人跳下去也是致命的。说到这里，很多男人会怪我知道得太多，虽然我主张闺蜜们挖坑给男人跳，但是没有一个女人会如此狠心挖坑从容不迫。在挖坑的过程中，女人们也是付出了成本的，只是挖坑的汗水比男人掉下坑的成本要小。

想要一个离不开你的男人，那就挖个坑把他活埋了吧。哈哈。说得不能再多了！

真爱会不断出现

一个四十岁的央企未婚男说，你看我条件这么好，你条件也不错，要不咱俩就凑合算啦！我说我不着急啊，哥，我还想等候我的真爱，还不到将就的时候吧。大哥说“哎呀现在你还不急，等你急的时候没人肯将就了”！

有的人就是这样，他喜欢你吧，非得整几句 你一定不爱听的话来证明他其实不是很在意这个事，话越难听吧，反而显得他更加情真意切，真心关爱你。

我就特别不待见这种人，当然这种人可能是男人也可能是女人，可你口头表情得跟足了戏，不能辜负了别人的一番好意。我这种性格的人吧，最爱做的就是与不愉快作斗争，就非要跟你聊到愉快为止。

最终这位仁兄还是说了一句真心总结，他叹了口气说：“哎呀，真爱是会不断出现的！”这句话给了我那么一点点的震撼感，回想自己过去，现在的经历，又有哪一段感情不是因为觉得是真爱而死去活来、牵肠挂肚、恋恋不舍？

这么一醒悟突然就让人释怀了，想起过去难以断折的孽缘，如果早知道真爱会不断出现这个道理，早就可以在感情生活里活得跟我们羡慕的潇洒一族一样洒脱。我记得有一次看电视，李静说当年有个爱得死去活来的男朋友，后来忘了什么原因分手了，后来很多年以后有一次在街上远远地见到他骑个自行车走过，当时心里悔得不行，想来想去想不明白自己当年怎么会看上他！！真是悔得肠子都青了，当年怎么就觉得真爱再也不会再出现？！

今时今日我们的生活方式跟我们的父辈爷爷辈有太大的距离，当年爸爸妈妈爷爷奶奶他们要多认识一个异性是那么困难，今天我们摇一摇就能认识方圆三万公里的人，看半个小时他或她的朋友圈就能把他最近一年的动态摸得比他妈还熟，人与人交往了解的时间大大缩小，不合适就掰，如今通讯工具这么发达，也不会有以后再也见不到这个人找不到他的遗憾。

你看那些轰轰烈烈在一起的明星，口口声声说这个就是真爱的，最后不都分开了？不又都继续找到真爱在一起了？虽然这么说起来有点狗血，但是现实永远比看戏狗血，再看姚晨同志没有了帅气的前夫，不也找到下一个真爱还生宝宝了；谢娜同志没有了真爱刘烨，也找到真爱弟弟张杰在一起了；王菲曾经为真爱窦唯如此轰烈过，又跟李亚鹏那样的爱的感觉在一起，最后还是分开了，难道谢霆锋才是唯一的真爱吗？

真爱原来只存在当下，如果真的不幸有一天你们不得不散水，相信自己，你的下一个真爱一定在转角处等你。当然这么想的时候，难免会觉得现在的真爱对象也还会有他的真爱，让我们觉得沮丧。但试想一下，如果你比他活得出彩活得精彩，更多的真爱将冲破人流向你走来。

多少人与真爱分开后伤心欲绝地痛嚎：我可能再也找不到像他这么爱我的人了！或一厢情愿觉得他可能再也找不到像我这么爱他的人！你和他真爱的时候都没有错过，确实是当时最爱对方的人，但是时间和距离会让下一个人来替代你，替代他。你要做的事情只有一件，就是抬起头，擦干眼泪，微笑迎着风，等待下一个真爱！

贱男出现女神吃亏

我的好朋友跟我说，贱男跟女神在一起都是女神吃亏。因为贱男够贱，女神就不好意思了，女神一不好意思，就被动了，一被动，可不就是贱男说了算吗？

其实女人不是傻、蠢，不是天真，而是太需要爱情了。

虽然早已看穿对方拙劣的伎俩，但她们还是愿意去相信。

这种爱与被爱的需要，这种愿意相信的需要是那么强烈，以致骗局变得很简单，你先信了这个人，然后无论对方说什么、做什么，你都会信，甚至会自发地在心里帮他解释。但是你的意识和潜意识却是如此分裂，一边做着爱情的美好幻梦，一边保持理智与清醒，清清楚楚地明白对方在欺骗自己。于是你一直活在爱与痛苦的边缘、信与不信的矛盾中。

贱男也是一个挖坑者。他什么都不付出，但是却魅力四射。他经常伪装成高富帅或者是十世好男人，可能会开着豪车，但是豪车一定不是自己的，或者是贷款的，又或者是女朋友的。贱男的出现方式有万千种，可谓防不胜防，如今的女孩除了强大自己，如果单靠外在挑男人，百分百中贱男的套。

行走江湖十数年的剩斗士女神见过许多的贱男，也最容易中贱男的套。我的一个女神朋友，最近认识一个貌似高富帅的男生，这位高富帅每天在朋友圈晒的是各路朋友的豪华座驾，甚至有限量版的布加迪威龙，女神自然联想，既然有这么有钱的朋友，男生也不会差到哪里去。谁知这位男生正好和我的一个朋友合作做一点小生意，朋友说这个男生华而不实，每天夸夸其谈地讲豪车、游艇，去哪个国家玩，实际上做事没头没尾，十分不专一，没有一件事是做成的，而他也不过是曾经在一个豪华酒店的公关出身，所以和个别有钱的客人成为朋友也很正常。最让人忍受不了的是，这位伪装的高富帅每天身边的女伴总不相同，几乎成了圈子里津津乐道的“榜样”，前脚一个美女刚走，后脚一个美女就赶上了，而且都是容貌气质不差的女生。

每每听到这种混迹在江湖的渣男就替美女们不甘。太多男人是骗子，请吃一顿饭就把美女俘虏的贱男大有人在。美女都有单纯的一面，熟练打击渣男的女孩不多，极少数女孩会当面将渣男拆穿，多数是被一时的甜言蜜语蒙骗，继而觉得或许这个男的是真心的，或许这个男的有苦衷，或许这个男的为了未来才会这样，只要女神善良的一面展开，就会给贱男机会。

面对贱男，没有别的招数，只能冷面，因为你不清楚什么时候会被他下的套迷惑住继而无法自拔，当你走进他的局中，就看不清楚他的真面目了。如果你正在贱男的局中，闺蜜们，摸摸自己的口袋，钱有没有少？摸摸自己的脸，有没有为了他熬得变残？照照镜子，看看自己的眼睛，是不是因为他而变得红肿无神？再看看他，是不是一个真心爱护你的人？

贱男的出现有时候不一定为了骗钱，或许他有付出真情，但是，贱男终究是贱男，真情不抵脾性，日后相处起来，吃亏的还是女神！

远离一个不会离婚的男人

到了30岁临界点，虽然大家都说单身没什么可怕的，但是有的时候还是忍不住怕起来，因为你身边一个又一个的女朋友出嫁了，生娃了，遇到的男人不是结婚了就是老婆出国生娃了回乡带娃了。在这种孤独寂寞冷的情况下，最容易犯的错误就是，爱上一个已婚的他。

30岁的你有车有房有固定收入，有人追有花收有赞誉，就是看见这个为事业打拼、认真工作、浑身有冲劲的他着迷。网络上天天说着，不怕见到小三，就怕见到什么都不要的小三。

女人狠毒起来，就是对自己狠，就想较这个劲。你说人家什么都给不了你，不跟你结婚，不带你上街，不让你生娃，还不给你钱花，偏偏还是有这么一群甘愿牺牲自我的女人，走到已婚男人的前面，就要跟着他打天下。

以前的说法是女人三十多就嫁不出去了，现在时代变迁，延迟了。其实不是嫁不出去，每个不想嫁人的女人都有一段不能说出口的故事，有一个等不到的人。很多闺蜜不能理解身边那些身陷囹圄的女朋友为什么这么傻，非要去等那个不可能离婚的人。费尽了口舌，那个女朋友就是这么“善解人意”地做着背后隐形的女人。

有一位40多岁的姐姐，逢人都会称赞自己和老公幸福，两人不仅白手兴家共同打理如日中天的企业，在大女儿20岁的时候又添一子。大家都觉得她驭夫有术。姐姐的老公多次在公开场合开玩笑说叫自己的老婆千万不要“走佬”抛弃他。姐姐则是笑得一脸的甜蜜。每个人都很想知道她和老公相处的秘诀。

这位姐姐每次都语重心长地劝告30岁后依旧未婚的姐妹们，还是要找个人嫁了。见惯世面的姐妹们自然不拿来当回事，在身边的朋友都开始离婚的时候，自己怎么可以冲到坟墓里面去？姐姐总提起自己那个40多岁还没出嫁的妹妹，在她30多岁的时候错过了那么多的机会，都没有把握住一个爱自己追求自己的人，毅然决然傻呼呼地去等一个不可能离婚的人。闺蜜好奇起来，不关自己的事都会八卦一番，原来姐姐的妹妹爱上自己的老板很多年，甘愿做老板背后隐形的女人。大姐不止一次心痛地提起自己的妹妹，她从20多岁就爱上自己的老板，打理公司内外事务，付出了青春、情感，虽然男人给妹妹买了一套房子，但是妹妹也没有得到婚姻，甚至也得不到孕育下一代的机会。最后姐姐总是要加上一句：“她真是好傻！人家怎么可能离婚跟她结婚！”

相信这句话她对妹妹也讲过无数次，大姐的亲妹妹心存幻想二十载，只有旁人看得清楚利弊得失，而其中的苦痛可能就只有妹妹自己知道了。其实在美满的婚姻背后，谁又能看到更深的一层？大姐能对妹妹说出这番话，何尝不是一个正宫对小三的最诚恳劝告？谁看见美满婚姻背后的伤痕，哪个男人会为了成全一个人的名分而破坏三个人的名分？

男人是最现实的动物，而且是学历越高越现实，越理智越有魅力的男人越现实，成全了第三者的名分，丢失的是一个家庭的和睦，得到社会与亲戚的谴责，丧失了原本任劳任怨的发妻，血浓于水的子女情分，再结婚不过也是鸡肋一根，谁能担保案件不会再重演？

想想男人的现实，沉沦在第三者的漩涡中不能自拔的女人们就该清醒。如此的爱，不能养老，不能当饭吃，不能和睦，只能隐忍啊。

爱是想要付出的感觉

爱一个人到底是什么样的感觉？每个人都有自己的答案。

在百度百科中的答案是：爱是一种发自内心的情感，通常多见于人与人，人与动物。现今任何科学都不能彻底解释人或动物产生爱的原因。“爱”这个字在字典里有许多意义：由某种事物给予人满足（如“我爱吃这些东西”），甚至为了爱某些东西而愿意死（如爱国心、对偶结合）。其可以用来形容爱慕的强烈情感、情绪或情绪状态。在日常生活里，其通常指人际间的爱。可能因为其为情感之首位，所以爱是美术中普遍的主题。爱有时亦会被形容为强迫症。

喜欢是一种由内向外的，非迫切需要的，在维持自身生存之外的得到与占有。更多的是得到情感上的满足。喜欢是中等强度的人际吸引形式，也是人际吸引的一般形式。

但是，我有一个朋友的女儿说出了“爱”和“喜欢”的区别：如果你爱花，你会给它浇水，喜欢则会摘下它。同理，对一个人，如果你爱一个人就会悉心呵护她，喜欢则想要不择手段占有她。根据心理学测试，迷恋上某人最长只有 4 个月的时间，如果你超过 4

个月还是迷恋着同一个人，那么你是真正爱上 Ta 了。

我的一个闺蜜，她和前男友是青梅竹马，模特出身，女的美男的帅，但是最后她结婚的时候，新郎却不是那个帅哥。很久以来，大家都不知道她选择现在这个老公的原因，直到有一天她发表了如下的感慨：

如果一个男人心疼你挤公交，埋怨你不按时吃饭，提醒你少喝酒伤身，下雨天嘱咐你下班回家注意安全，生病时发搞笑短信哄你……请不要理他！然后，跟那个开车送你、生病陪你、吃饭带你、下班接你、跟你说“MB 的破工作别干了，跟我回家，我养你”的人在一起！

嘴上说得再好，不如干一件实事！

用耳朵来听爱情，别说保鲜期，顶多只有尝鲜期！付诸行动的爱情才最真实……

忽然明白她为啥当年没有含糊就嫁给了只认识半年的先生，一点没后悔。

爱和喜欢跟时长是没有关系的，喜欢一个人可以喜欢很长时间，很短的时间内也有可能爱上一个人，很多女神或者是过了 30 岁的剩斗士冷不丁就把自己嫁了，不一定就是因为她们着急了，谁又知道她是不是突然就明白了爱和喜欢的区别，终于肯把自己交付给那个实实在在开车送你、生病陪你、吃饭带你、下班接你的人。

女神挑男人，不一定就是因为男人付出的钱够多，付钱的同时，他有没有付出时间？有没有付出名分？有没有付出比金钱、礼物、时间对他而言更具价值的东西？不要小看一个愿意花钱的男人，他付出的可能不止是金钱。

而那个总是在教育你、叮嘱你、控制你，但是却又小心翼翼地保护着自己的那个人，你摸摸自己的胸口，真的觉得一辈子跟他过下去，这颗小心脏忍得住那么多的无奈和悲伤吗？

辨真爱大法：素颜去借钱

想要知道一个人是不是真的爱你，问他借钱，而且还要把妆卸掉，用真面目去借。

借钱真是个让人头疼的问题，也是到了30岁不嫁的女神经常会碰到的难题。总有那么些男人愿意开口跟你要周转。当然能开口向女神借钱的男人，估计是铁了心不能在一起的了。

问女人借钱的男人是万万要不得，很多男人听见有女人说某某问自己借钱的时候，便会显出一脸不屑外加一番慷慨陈词，表明自己的立场，就算穷死潦倒死饿死都不会跟女人借钱。然后，他就在心里默认了：你是一个可以问借钱的女人。不用很久的将来，这个男人就会跟你提钱，说最近做的一个什么样的项目，经历了什么样的风波，需要一笔钱来周转，只需要两周。而这笔钱，明明不是很大，你甚至都不会看在眼里，正是这种钱少到你不会看在眼里的程度，你觉得拒绝他实在是一件很艰难的事情。一个好强的女神怎么能允许自己在别人眼里是一个连这么一笔小钱都拿不出来的女人呢！你看似很仗义地把钱转给了他，他也许会在他说的期限内把钱还给你，但是这绝对是一个恶性的循环，就好像信用卡信用额度的提高一样，先提高临时额度，把钱用了，还上，继续提高额度，把钱用了，再还上。你和他都差点被这种信用假象蒙骗了，以为他是一个有信用的人，可是目的还是很恶劣，就是提额、套现！

如果一个男人向你提出借钱，那么这个男人可以完全被否决掉了，借不借钱给他是你的自由，但是绝对不适合成为情侣在一起生活。有一句真理必须信奉：当一个人向你借钱的时候，基本就是想和你扯破关系了。同样的原理——如果你借钱给了一个人，不指望他会还给你，而且还特别身心愉悦的——可以悲哀地通知你，你跟他是有感情的，你是想为他付出的；至于他，只能说，是不想和你深发展的。

用借钱来辨别真朋友的方法虽然屡试不爽，但建议还是不要去用，如果遇到你不喜欢的人，很想摆脱的人，向他借钱倒是一个好办法。如果要验证一个男的是不是真的喜欢你，爱上你，大胆地素颜面对他，然后告诉他，最近你需要一笔钱周转。这个方法基本能够验证这个男人对你的重视程度。一个真正爱你并且有能力养活你的男人，愿意给你需要的钱，甚至是双倍的钱。一个真正爱你却欠缺财力的男人，也会勇敢地为你承担下这个压力。而一个只想和你风花雪月、只能和你享受当下的男人，他是会告诉你，你需要自己去承担造成周转缺失的这个后果。这成为他最冠冕堂皇的理由，他甚至可以用他的点评导致你就算遇到困难也无法对他说出口，一个只想享用你的美貌、青春，侵占你资源的男人，不会让你有靠山的感觉。他可能口口声声说爱你，给你上课，给你洗脑，最后你连困难都不敢跟他说，你连痛都不敢告诉他。

找一个男人，让你敢素颜的，让你敢花他的钱的，让你愿意诉苦的，让你可以依靠的。至于钱是不是真的能要到，穿在自己脚上的鞋，你是知道鞋码的。

左耳进，右耳出

总有闺蜜失恋的时候嚷嚷他以前还说怎么样怎么样，现在又怎么样怎么样，他怎么可以这样，有这样的人吗？自己说过什么都不记得，我还真没见过！！

其实细想一下，这样的人不是见多了？我们自己就是这样的人，天天骗人。跟别人说完改天请你吃饭，你最后请了吗？！

中国十大谎言，你已经经历过：1. 男朋友说，我只想抱着你睡觉，我绝对不会动手动脚。2. 公交车司机说，后面还有一辆车。3. 饭店的服务员说，您要的菜马上就好了。4. 小学老师说，你跟我说实话，我就不告诉你爸妈！ 5. 初中老师说，这节体育课老师有事就不上了。6. 高中老师说，我就占用你们一分钟。7. 学习好的同学说，这次我又没有考好。8. 一群人来打球说，我们都不会打。9. 街边的小店说，跳楼大甩卖，明天不走是孙子。10. 领导上台讲话第一句就撒谎，下面我简单地说两句！

我们一生都容忍了这么多的谎言，何必还要对一些甜言蜜语斤斤计较呢？不妨左耳进作甜蜜状，然后右耳出去。

有人说我太宽容，有人骂我好了伤疤忘了痛。可是，明明伤疤都好了，你还要痛什么呢？女人不要太计较的好。男人的话，让它随风而去吧。

男人说实话，你嫌他不哄你，打击你，说话难听；男人说甜言蜜语，多半难以实现，你嫌他不务实，忽悠你；男人关心你，你嫌他婆婆妈妈，不够男人气质。为了让自己更好过，最好的办法就是，无论男人说什么，都左耳进右耳出就对了。

有的话，放在心里会被自己伤害了，不是别人，也不是这句话本身，很多时候女人的眼泪是自己憋出来的，自己制造的，自己伤害了自己却赖到了男人的头上。

如今的娱乐圈高频率爆出模范夫妻婚内矛盾，某一方出轨，为什么明星们总不敢公开恋情和婚姻？当太多的关注投射而来，七嘴八舌，毛关系都没有的人在讨论自己的时候，能做到左耳进右耳出的那一对，就成就了美满娱乐圈婚姻；不可以的那一对，就被公众舆论玩死了。有时候不一定就是对方出了问题，可能是自己的耳朵出了问题，没有处理好那些不应该逗留的话。

在婚姻、爱情中做一个左耳进右耳出的人，不至于被别人泼出去的水伤了自己，应该能收获更多的快乐。

饭还是留给老公煮吧

做饭真的挺耗时间和精力的，如果做饭能让你身心愉快倒也无妨去做，但是油烟真的会让厨房里的女人增高得肺癌的几率。

能不能留住男人的胃，这个事情留给男人去想，两个人在一起，最重要是要浪漫，做饭是两个人的事倒也还好，如果只有一个人在忙碌那真的好浪费时间。一天里面上班和睡觉的时间已经占据了20小时，只有短短4小时的相处，真的要用掉2小时去菜市场和在厨房单打独斗吗？

坚决不能做黄脸婆，你进厨房的理由是从后面抱住老公，称赞他的手艺好！

用留住男人的胃来留住男人这招只能用在短期，不能长期使用。味蕾能够让人在肚子饿的时候停留在一个地方，吃饱了以后终归还是要去走动走动的。能够留住老公的是让他在家做饭！

有的女人既要老公强，又要老公在家呆的时间长，那基本上是不可能的。你要颠覆传统夫妻的相处模式，最佳的方法就是把自己弄得很忙碌，很强大，让老公去买菜做饭在家等你。当然你不能让人做好了饭却仍然在加班不回家吃，也不能让人天天都把这个事办了，男人愿意的时候就让他去干，不愿意的时候就到外面去吃，但是老公做饭这件事依旧必须培养。

我有一个同事就是这么干的，下了班以后，永远看见她磨磨蹭蹭的不愿意走。明明自己有车，就是要等上老公来接。有一次我问她你的车总停着不动也不太好吧，她告诉我，原来她每天故意磨蹭比老公要晚半个小时下班，第一是要让老公有接送的习惯，第二是可以忽悠他先回家买菜，自己回家打打下手坐享其成。

不要担心男人会跑掉，你要对自己有绝对的自信，男人做的家务越多，越无力反抗。这跟女人的惯性是一样的，一个习惯了摆弄厨房的人，他就会认为厨房是他的地盘，你把这个地盘给他，他会有成就感。女人要学会适当地让出地盘和霸占地盘，我主张用男人的思维跟男人谈恋爱，女人和男人最大的斗争在于，女人永远无法理解男人为什么不能像自己一样付出，既然这样你就把他培养成女人的思维，让他像女人一样为你付出！

不过，女人是有一些天生的爱好的，有的女人天天做饭，是一个狂热的兴趣爱好者，那我没办法阻止你。有的男人也对做饭狂热兴趣大，虽然这部分男人很多去做了厨师或者开了餐厅，但是并不妨碍你去把你那个男人轻微的吃的爱好发扬成做饭的爱好。

两个人不可能在家里永远腻腻歪歪，也不能总是絮絮叨叨不停，回到家中总要找点事情做，这个时候有一个人做饭，就成了最好的消遣。

让他知道你有避难所

这个避难所无论是你自己买的房子，还是爸妈的家，还是闺蜜的家，总之你必须要有这么一个地方。这个地方是属于你自己的，你在里面不会听到莫名的拍门声，不会被打扰，它让你静静地呆在里面安放自己的灵魂，让你好好想想过去、现在、将来。

如果没有，那么太恐怖了，你将在恐怖的原地等候悲伤。有一句话，说女人哭泣并不是因为男人对她有多不好而哭泣，是因为她觉得自己太惨了，所以才会哭得停不下来。没有避难所的女人不认识自己的过去，看不清自己的现在，找不到自己的未来！

有的男女朋友都会约定，吵完架后，谁都不许摔门出去，这是一个好约定，你的避难所并不是你摔门出去的地方。你的避难所不一定就是你与男友发生口角之争时才能去的地方。有时候下班后或者是休假的时候回到办公室，就在办公室里静静呆着，思考一下怎么让自己度过这次瓶颈，那也是一个避难所。

让男人知道你有避难所，却又不让他知道你去了哪，最好。

我的很多男同事不止一次提起特别怕激怒媳妇，因为媳妇一出走就不知道上哪找。女人的避难所成了盾牌，难道只有男人可以出去找酒友？不过女人出门找酒友就不必了。女人在避难所里更应该做的事情是不应该把心思围绕在男人身上。避难所是女人的另一番风情与爱好。我的一个闺蜜，她的避难所就是到处去写生。在40岁时，她又重新拿起了十几岁时的画笔，出其不意的画让人惊艳。她的老公从前把她放在家里，自己去全国各地打高尔夫，到现在跟着老婆去写生，把老婆带在身边去打球，老婆的避难所俨然成了他的情敌。

没有谁能在十年二十年的恋爱、婚姻里面永远没有自我，当你有一天有了你的避难所，身边那个男人反而对你避让三分。

避难所也需要投资，买再多的化妆品、包包、鞋子，也不能给你避难。去买房子做避难所吧，去旅游做避难所吧，去学新的技能做避难所吧。避难所，每个女人都值得拥有。

男人给的想象空间

虽然说人的一生谁没爱过几个人渣，但是有时候确实也是会过分冤枉别人。很多女人觉得上当受骗了，但有没有想过，其实女人是被自己骗的，别人模棱两可的话语，给你的只是一个想象空间，而往里面填充内容的是你自己。

某日跟一位射手座男生聊天，他低头忙碌地一边回复着微信一边叫我快给他意见，选择哪个女孩儿好，一个是他对她有感觉的，一个是她对他有感觉的。他对她有感觉那个，他有点担心会做了她的备胎，想去奋力追求，但是又怕错失了那个对他有感觉的。

一番话听完，真是对面前这位男性朋友另眼相看，因为我跟他圈子不重叠，他大方地跟我聊起他的暧昧对象们。感觉他是真的好渴望快速越过暧昧阶段到达恋爱状态，却又害怕恋爱状态带给自己的束缚。这应该是所有感觉自己条件还不错的男男女女们都会遇到的烦恼。

很多熟悉他的朋友都不能理解，这位射手座朋友怎么会有这么多暧昧对象，都是怎么发展出来的？没看出他是个英俊多金还痴心专情的抢手货啊，射手男也绝对不是一个依靠坑蒙拐骗哄诱多情少女们的人啊！

我总结了一下，其实大部分的女孩儿们，大部分的你们认为欺骗你们的男孩们，也许真的没有骗过谁，他们只是给了相当大的想象空间给你们而已。

当他告诉你他很悠闲的时候，是你们自己把他想象成工作游刃有余或者银行存款宽裕。

当他告诉你他压力很大的时候，是你们自己把他想象成认真负责、有理想和追求、值得托付终身的人。

当他告诉你他一直很孤独的时候，是你们自己把他想象成痴心专情、宁缺毋滥的苦情文艺男。

当他告诉你他一人吃饱全家不愁的时候，是你们自己把他想象成出手大方阔绰、经济宽松的职场男。

当他告诉你他虽然已经结婚但是并不幸福的时候，是你们自己把他想象成只要遇到真爱就会立刻飞蛾扑火、誓死捍卫爱情的人。

为什么暧昧阶段是最美好的？因为暧昧阶段有太大的想象空间，想象你是合适我的，想象你是喜欢我的，想象的都是你的好，就算有不好，反正你还不属于我的，又有什么关系呢。万一我想象的好都是真的，之后你又属于我了，那不是赚翻了？简直就是童话降临。

所以，要得到一个女人其实也不是很难，给她多留一点想象空间。暧昧的时间就是那么酸酸涩涩，偶尔通过一点想象得到甜，真是最爽不过的事了。过了这个暧昧阶段，就是残酷的摸底阶段，双方开始去验证自己的想象，只要一有差池，就是争吵和修补的循环。

所以女人不要总去埋怨男人欺骗了自己，欺骗你的，只是你自己的想象而已。得到这个真相后，希望你不会因为摸底得到的与想象有太大差池而气愤、烦恼。

婚姻是和对的人过一生

这个对的人绝对不可能一生不做错一件事。

成龙做错事说出的一句话，竟然是：我犯了一个全世界男人都会犯的错。然后，他老婆原谅了他。

这是啥意思啊？就是全世界的男人都会犯他这个错！妈呀，这样一想，再看看自己身边这个人，突然觉得这件事很恐怖，如果你身边那个男的已经犯过这个错了还好一点，还能安慰自己，原谅他吧，反正他现在在身边。

如果那个男的还没犯这个错误，真是可恶，好像明知道前面有个陷阱，自己正在往前走，不知道什么时候就会掉进去一样。

其实爱上一个人，是一个悲剧的开始，因为爱让人变得小气，明明自己做得不妥，由爱人提出来，自己就不能接受；明明是自己错了，对着别人可能很容易想通道歉，对着爱人就希望能以爱的名义占这个便宜，死活不道歉；明明对方只是跟很普通的异性朋友闲聊几句，爱上他以后，这些都成了忧伤的理由。所以爱上一个人，就是一件很不开心的事。彼此相处最开心的是将要爱上和刚刚发现大家互相倾慕的这段时间。要和一个非常爱的人结婚，这绝对不是一件容易的事，对方必须非常通情达理，非常了解婚姻里的规则。所以我们见到所有的美满婚姻，无一例外，必定有一个人是非常能忍，具有巨大的忍受力和理解能力。

王洛宾写的《永隔一江水》正好形容最完美的婚姻关系，“我和你是河两岸，永隔一江水”。生活永远很难达到希望的样子，爱情里面有太多悖论，要互相有隐私，又要天天住一起，要一起养家带小孩，收入又不平均，要一起去应酬，双方又都要面子。婚姻，不要期望和爱的人白首到老，在这个过程中，不是爱被磨灭，就是爱变亲友。

只求那个对的人，有这种理解力，知道婚姻内幕中的隐痛，又能承担。

如今结婚是越来越没有用了，是你的还是你的，不是你的终究不是你的。领个证也不到十块钱，分个家也分不了钱。女人结婚最终的意义还是要跟这个人过日子。结婚给女人的可能不是富裕分享，而是分担。

找个对的人，婚姻才有意义。

冷战

“冷战”这两个字如果用来做电影名字应该挺能卖的，但发生在男女之间，这两个字出现的时候都是不能自觉不能自查的。只有在看韩剧的时候才会发现，冷战是多么的误事，看得旁观者捶胸顿足的！

有没有想过冷战前的腥风血雨，还有冷战阶段的冷酷无情，其实这些都是假象，都不是自己蓄意安排的，也不是自己想要的结果。可偏偏就是这样发展起来、持续下去了。既然是冷战，就说明了大家都有不想恶化下去的想法。如何破除冷战确实需要有一方示弱，或者有第三者撮合。

我不是一个个性强硬的人，每次遇到冷战，我都是那个坚持不下去的人。因为没过一段时间，我就会自我反省，这段关系是不是我的原因导致的情绪恶化，即使对方也有不对，但我更愿意先观察自己的过失，知道自己的过失，忽略别人的错误。这并不会让自己少块肉或者吃什么大亏。反观完自己的过错后，如果感到内疚和歉意，我都会第一时间去表达。

要表达歉意并不是一件很难的事情，通常说五句话就能搞定:

表达歉意说“对不起”；

承认过错说“我错了”；

弥补过失说“我补偿”；

真诚悔改说“不再犯”；

请求饶恕说“原谅我”。

一般人真心地说出了这五句话，如果还不能修复关系，那可能真的需要多给一点时间让对方去思考。但是对于诚心道歉过的人来说，通常心里会舒适很多，因为更多的时候，我们的难受都是自己在为难自己。当自己放下这种倔强后，会立刻坦荡很多。

不要去为难别人，就是对自己最大的解脱。

我们总是太倔强，总想要让对方难受，让他痛苦，让他后悔，让他自残，然后我们就爽了。其实不是，我们就跟着难受却又不知道为什么，这种拧巴其实很变态。我们在韩剧中经常看到，虐心得不行，偏偏在生活中，我们又乐此不疲地进行着冷战，身心都被自己这种无意识的残害念头折磨得死去活来。

其实也没有人的什么错是不能原谅的，如果是自己的错，就更没有什么是不能承认的，先把自己变成一个坦荡荡的人，才能遇到一个同样也坦荡荡的人。

先从自己这里结束冷战，才能让妒忌、小气、怨气都烟消云散。你会发现，对方比你更害怕错失一个愿意结束冷战的人。

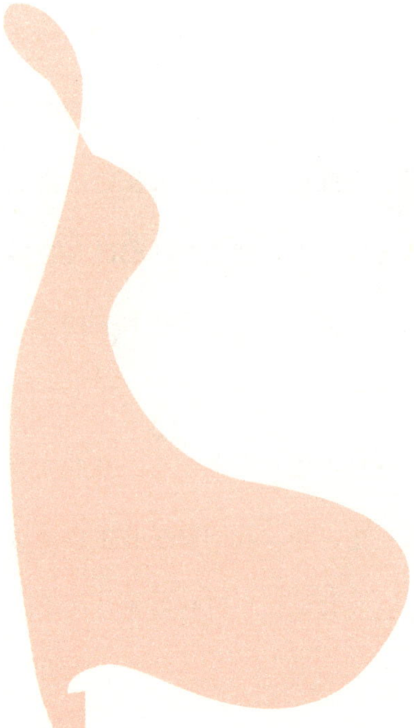

真理在财务手上

女人有了钱一切都好办。那个男人不爱你，没关系，你有钱；那个女人挤对你，没关系，你有钱；那个老板辱骂你，没关系，你有钱。

当你手里拿着钱，你随时可以举起教鞭，告诉他们应该怎么做。

财富在左手，真理在右手，这种无伤社会的真理范围在男女之间。

无论男人还是女人，见到一个开着跑车、住着豪宅、拿着名包、踩着贵价高跟鞋的女人都很难移开视线。纵然大家都不怀好意，但如果她要和你做朋友，你好像还很难拒绝她。

见过很多BOSS，老婆都是公司里的财务。BOSS无论公账、私账里有多少钱，全部在太太手里，除非BOSS自己收了现金不上报，否则任何一笔开销都掌控在太太手上。要做老公的BOSS不是难事，难的是要懂一些财务知识，要不怕麻烦。谁不知道每天记账麻烦，谁不知道还卡数、转账、记密码麻烦，要给老公交一本账本，算出他每月的开销和业绩，那不是每个太太都有的能力。

当你的财务能力得到老公的认可，才有可能得到男人的信任，让他乖乖交出银行卡。看见能管钱的太太，我们都羡慕，为啥自己的男人就不让自己管这个钱呢！见过让人无比羡慕的夫妻，我表姐和表姐夫就是一对典范。表姐夫做房地产生意，开着老款的凯迪拉克，表姐是全职太太，每天只管接送上小学的儿子，开着新款的奔驰跑车。一次聚餐后，去到停车场，表姐说要去逛商场，叫表姐夫帮她去另一个地方取她定好的物品。表姐夫说好，表姐又问，你现金够用吗？于是从自己的DIOR钱包里面抽出五千块，递给表姐夫。很多人以为表姐完全不用工作，其实全职太太每天要办的事情还真不少，家里的房子需要放租放卖的，还要到处看项目，看有没有好的投资，表姐夫私人的账户每天都有很多账目进进出出，每一笔都由表姐电脑或手机或银行柜台操作，这些事情都是公司财务领工资做的事情，到了表姐手里管理得妥妥的。

有一位很有名的粤剧艺术家和先生感情非常要好，去到哪里做节目或者是应酬，都是丈夫车接车送，两人结婚三十年如一日如胶似漆，如果有一天艺术家出门，大家没有见到她先生，都会问先生去哪里了，为什么没有陪着来。大家眼里的先生很是好，大公司领导退休，温文尔雅，大方体贴。每个人都希望能找到这样的另一半。

你可知道，他们的幸福需要两个人的同时强大，如果作为一个弱势的太太，大公司领导出身的先生怎么会跟得服服帖帖的？你可知道，大公司领导的先生退休后开的顶配宝马，其实是太太的，每次出去吃饭结账的时候虽然是先生，但先生用的是太太的面子，商家给太太的现金抵用券。

每次看到完美的夫妻档出场，我都发自内心地崇拜那位太太，因为掌握着男女关系真理的那位太太一定很厉害，无论是家里还是家外。她肯定是一个管内账很了得的高手，肯定是一个很厉害的交际高手，肯定是一个忍耐力很高很会做人很会给丈夫面子的幕后高手！

掐断回忆的美好

很多人失恋的时候难受，不是别人对自己有多差，或者是遗憾未来不能在一起，多数的痛苦都是沉醉在过去的美好回忆中。

美好确实是一件你只能不断回忆，却不知道如何延续的事情。因为需要太多的天时地利人和，有一点差池，都只能与美好失之交臂。

为了遗失的美好而错失眼前的美好也是我们爱干的一件事。一个走到哪里都精致的女孩子，是不允许美好遗落的。

如果有一天，你回忆起遗失掉的美好，那么请你马上站起来，掐断这段回忆，迅速洗漱，然后用心化一个精致的妆容，拿起最贵那个包包，里面放上一支口红，走到街上找个咖啡馆坐下来翻翻杂志，或者直奔书店，买三五本书，然后再约两三个闺蜜或一个男闺蜜吃饭。

美好依旧存在，美好活在回忆中，永远是伤感的，唯一可以与之对抗的就是创造新鲜的美好，做一个有能力创造美好的女子。

我有一位女朋友，真正由巨大颠覆落魄变为美好的女子。一天，她从熟睡的男朋友的手机中发现了另一个女孩的暧昧信息。这个瞬间，男朋友的专一形象轰然倒塌。女朋友淡定地拨通了那个暧昧信息中女孩的电话，冷静地交流中发现，男友极有可能一脚踏两船在交往中。

对方女孩表示愿意立刻出现现身说法。在这期间，女朋友并没有叫醒男友，也没有吵闹乱砸，而是默默地把自己在男友家的东西收拾了一遍，然后干净利落地化了个妆，坐在男友旁边等着另一个女孩来敲门。

当然，迎来的是三个人的当面谈判。不用说结果，女友保持了自己的美好，不说是否有输赢、对错、胜负。在这个过程中，唯一不狼狈的是我那位女朋友。她从容淡定地审视这件事情。最重要的是，她从未打破过自己的美好形象，我想，留给她那位男友的应该是遗憾的美好，错失了如此精致淡定的一个女子。

不要再为那些遗失的美好伤神，戴上耳机，听一些快乐的歌，看看路上的行人，每个人经历的故事不都有很多美好的成分么？美好从来可以延续，找不回那个曾经的画面、曾经的地方或者曾经的人，那就换一个地方、换一个人、换一个方式，掐断回忆，从新摆布自己的美好。

多年以后街角相遇

有一句话叫“相忘于江湖”，想象一下画面就觉得好凄凉。每次交男朋友，都会想到一句话，“天下没有不散的筵席”，虽然很丧气，也忍不住会这样去想，天下万事，合久必分，分久必合。要遇到一个人还要相守一辈子，在这个社会真是太难。当你希望找一个人一辈子在一起的时候，已经有闺蜜跟你说，她已经看透了感情，不再傻傻地以为真的可以跟一个人一辈子不散水。

你交往过的那些男人，换个角度看，其实是你的第一手资源。起码你跟他有过比别人深的感情，你对他有过比别人多的了解。

不是每个人都会变成这个世界的佼佼者，也不是每个人都会活得每天精彩，你如果要做一个平凡平庸的人，注定沉浸在每天的琐事和轻微的挫折对你产生的烦恼中。其实人的幸福只是一瞬间的感受，当你达到欲望的时候，会感到一瞬间的幸福，然后就会产生下一个欲望；当达不到欲望的时候，就会感觉到痛苦；当没有欲望的时候，就会感觉到无聊。人的一生就是情绪展现的舞台，不要害怕这些情绪的产生，其实你可以去控制它。

那个你曾经爱得死去活来的人也只是你当时的一种情绪。你不爱他了也只是你某个时候的情绪的展现。这些都不会影响他的本质，他是一个怎么样的人，他会不会和你有别的联系，甚至工作、事业的合作，都只会影响你，不会影响他。有一首歌很红，“你会不会在街角的咖啡店出现”，多少山盟海誓和鸡飞狗跳、轰轰烈烈的爱情，到最后换一个永不相见，就算擦肩而过也最好不要再打招呼。有人说如果你真的爱过一个人，分手之后不能和他再做朋友，只有你没有真正爱过的人，才可以继续和他坦然想见。我看这绝对是胡扯，得看不同的人，每个人都有不一样的性格和经历。谁在哭得呼天抢地、伤心如刀割的时候，会想得到再过几年这个人无论是挖鼻屎还是为别人哭泣都不会再让你的心有一点点的涟漪？

除了踢足球和打团体赛，我想告诉你，人生确实只有你自己在场上奔跑。所谓的真正爱过，也就是爱变成了亲情。但是亲情也是会因为距离的远近、相处的好坏而有不同程度的体现。

对于你来说，最好的想象是旧爱过得不错，有他觉得不难过的生活，即使在偶尔寂寞或者落魄的夜里想起你曾经对他如此的好过。我不相信任何一个真正爱过一个人的人会希望自己的旧爱过得很不如意，这种感受不是对一个爱过的人应该有的。如果有这种想法的时候，说明你真的没有爱过他，你是如此仇恨一个人的时候，就真的没有必要再惦记着他了。而希望在街角遇到他，这个念头会一直在潜意识中鼓励着你要过得比以前更自由更开心更幸福一点。

两个相爱过的人，最好当然是有点距离的相处，天天相见不利于发展新爱，也不利于忘记旧爱。互相的消息太灵通，双方没有了想象，反而很快就会成为路人。分隔在两个城市的旧爱是最适宜的相处方式，他也许还能成为你空中的一个想象的依恋。很喜欢圣·埃克苏佩里《小王子》里面的一句话："夜晚，当你望着天空的时候，既然我就住在其中一颗星星上，既然我在其中一颗星星上笑着，那么对你来说，就好像所有的星星都在笑，那么你将看到的星星就是会笑的星星。"这样在你情绪低落哭泣着开车回家的夜里，也不至于太过绝望。所以，也才会有在街角的咖啡店再次遇到你的念头。

抱着那种也许还能再见面的想法，我们还能做朋友的大度，你的软实力一定很强大，因为他们都是爱过你的男人啊！

Q&A 女神

诺 海 / 广告导演

Q：已婚男人不加班就没有机会出来玩是吗？

A：已婚男人也分很多种，不一定加班就是出来玩，也看家庭是否和睦，家庭和睦就不会想出来玩，家庭不和睦就会出来玩，想出来玩什么借口都有，不一定是加班。

钟惟德 / 泌尿外科专家

Q：形容一下你理解的真爱？

A：留在没发达的男人身边的女人，和发达了之后依然留在女人身边的男人！

Q：你觉得 23 岁的女性和 32 岁的女性有什么区别？

A：32 岁的女性成熟、稳定，更加容易组织家庭。

Q：有一部分男人从来不在公开场合提起自己已婚，这是什么原因呢？

A：绝对是因为想泡妞啦，对异性怀着想接近或亲热的目的！或者是不想提起一段失败或不好的婚姻。但我觉得第一个原因是最主要的，他还是想隐瞒自己的婚姻来泡妞！

张敏辉 / 乐视网 CMO

Q：相比起死缠烂打心软哀求男人的女人，男人是否会更欣赏说分手就马上答应然后离开的女人？

A：是的。男人真要和一个女人分开，女的苦苦哀求一点用处都没有，起码对于我是这样。反而那个转身离开头也不回的，可能过一个星期后我会想她。

Q：作为男人，你理想中的妻子和女友有区别吗？她们分别应该是什么样的？

A：绝对有区别。一个是用来生活，一个是用来性生活。对于妻子会更多考虑和她的生活契合度，双方家庭契合度；对于女友会考虑在一起好不好玩，开不开心，性生活是否和谐。

Q：很想问那些看起来工作狂超级忙又低调，家庭还很和谐的互联网公司老总们，他们会找小三吗？

A：工作越忙的人越有可能，看起来家庭很和谐的更可能。因为面对小三比面对老婆轻松多了，工作压力越大的人越有可能有小三，只是他们都掩饰得很好。

巫一凡 / 音乐人

Q：是不是越难追到手的女人，男人越珍惜？

A：至少我不是。

Q：男人把女人追到手后，多久会过了新鲜期？

A：我和我老婆没所谓的新鲜期，只有从当初的热恋期到现在的依恋期。

雄 爷 / 《凡事有得倾》主持人

Q：男人看着自己的女朋友化妆的时候是什么感觉？

A：百感交集。女为悦己者容，男为女朋友穷。

Q：谈恋爱的时候，女朋友总提起你的前任，啥滋味？

A：会好像吃鱼被鱼刺卡在喉咙里的感觉，不上不下。

Q：如果你珍藏的前任的小物品被现任扔了，啥滋味？

A：痛并快乐。痛是因为她扔了我的东西。快乐是因为我终于解脱了，这种借别人的手解脱的感觉也挺难形容的！

饶 肯 / 中央电视台纪录片导演

Q：你认为大部分男人喜欢哪种女孩？

A：通情达理，真正可爱，智慧又懂得适当犯傻，不装精明，尊重男人。能理解男人，即便不能帮助解决问题，至少能够减少和回避矛盾。大事不糊涂，小事不较真儿。

Q：最爱是不可能走到一起的吗？

A：不一定，有可能是吧。没到老年，不好妄下结论。况且，有时是得不到的，是最好的，心理作怪。所谓最爱，是相对的。青春时，没有什么物质基础，只有爱，而且荷尔蒙鼎盛，所以，可以说成最爱。可青春过后，又有一定物质基础和人生阅历，就不好绝对了。

Q：长久的幸福婚姻靠什么维持？

A： a. 踏实的关爱与陪伴；b. 情感上、心灵上、思想上的相互依偎；c. 男女之间的激情、惊喜、快乐；d. 过日子；e. 生理上的肌肤之亲和欢愉。

王 平 / 电视导演

Q：你的太太每天跟你一起的时候都讨论什么话题？

A： 我和太太已经上升到比亲人还亲的闺蜜关系，什么都聊，可以聊政治聊一天，也可以聊儿子聊一天。不像年轻的时候会讨论很多的性方面的话题，年轻就好好享受性生活，年纪大了就不会有这种感觉了。这是婚后多年的生活现状。

林 岗 / 著名媒体人

Q：你觉得男人有可能在两段感情中间有长达一到三年的空档期吗？

A： 完全有可能，有时候甚至更长时间。

Q：你觉得男人们在饭局中叫上几个美女助阵是什么意思？

A： 活跃气氛，会让男人觉得有面子。认识美女多是一件很有面子的事。

马 骏 / 餐饮连锁企业老板

Q：死缠烂打一个不爱自己的男人，有可能最后在一起吗？

A： 这个问题正常来说是没有意义的，因为婚姻的前提是爱，这个男人如果爱你，结婚是自然的事；如果不爱，死缠也结不了，即使结了，我觉得也不会幸福，甚至很快就会分开。

肆 知性力

“你会不会让不同圈子的朋友通过你认识？”

“会的，他们都很乐意在各种聚会中叫上我。你要知道大部分人都喜欢认识一个有趣的人，认识一个有趣的人比认识一个有用的人来得更直接。”

隐形的靠山

人家说伴君如伴虎，尤其在办公室，谁不是天天得看着领导脸色做人？但是有一种人，领导还要看他的脸色分配任务，这种人就是传说中有靠山的人。说白了，领导看他靠山的脸色呗。

为什么是传说中有靠山呢？因为靠山通常都是传说出来的，谁也没有亲眼见过，伴随着靠山出现的情景都是你告诉我，我告诉他，他告诉她，她回头告诉你，你验证了，哦，原来大家都知道有这么一件事。于是，这位有靠山的同事就变得有那么一点不可冒犯，没啥事，也就不想去找他的碴儿了。

曾经有一个领导，相当苛刻，充满追求，对我们的任何差池严厉责备，干不好就是工作态度有问题，分分钟让你滚蛋地骂。但是有一天我突然发现，他对我们一个同事从来不会用这么恐怖的字眼，例如，“你别干了”，“干不好就滚蛋”之类的。于是三八如我，仔细观察，认真琢磨，终于有天找到了蛛丝马迹，这位从来不会受到责备的同事貌似有个领导爸爸，领导爸爸的官位我们可以忽略，反正就是那种我也不知道可以办什么事，但是偶尔可能会出现在报纸上去开什么什么会的那种公职。

办公室里总有些潜规则，说到潜规则，哪里都有，大家都心照不宣，或者说这是一种习惯。你是谁的人，他是谁的人，你被谁罩着，每个人都有一个隐形的靠山。

有一个职场游戏很好玩，就是你是谁的人，你被谁罩着，你只要放点风声出去，自然有人给你把故事编排完美了。从来空穴不来风，自己给自己挖一个口子也是可以的。

在职场里面要干得好，首先不能太平凡，积极得来给旁人留点小活糊口，傲慢得来给自己的下属一点关爱，热情和蔼得来要让人知道你是有靠山的。

其实在办公室里也好，在学校里也好，只要是在一个系统里面，我们身边都有两种人，一种是不显山不露水的，一种是靠山面海混得开的。不显山不露水的通常是我们说的从小被富养的女儿，那是见惯了世面还淡泊了名利，天天就对着大官大富毫不动心或是被教育得从小就怕高调被整，轻易不敢拿出来说话。另一种犹如郭美美，你从来不知道她的靠山到底是谁，背后黑你没问题，当面指责不可能，见面给三分谄媚假装粉丝。

在职场里，如果不是淡泊了名利，那还是给自己安排个隐形的靠山比较好，这是一份自建的尊严，省得时不时让人给错手侮辱了。

至于隐形的靠山在哪里，怎么来的，前面说过了，你懂的。

抬头走路，低头做人

抬头讲的是一种气质，低头讲的是一种态度。

女孩子走路一定要抬头，不论今日的心情如何。

我们办公室来了很多实习生，都是大学在读的，大概有十几个，因为没有那么多的活，所以大家只能坐在位置上无所事事，可能又因为互相不认识，没什么话说，大家都很腼腆，低着头玩手机或者用电脑，甚至走路都有点不好意思的感觉。这样就算过去三个月，我也可能未必认得出所有的实习生。甚至有个实习生实习三个月后走的那天在我的桌上放了一张卡片，说，婷姐，很高兴能和你一起工作，虽然三个月都没有能和你说上一句话。除了署名，并没有留下任何联系方式，看完卡片我马上在办公室里叫了起来，这孩子，起码应该留下个微信吧。

就这么来如风，去无踪，其实不太好，对办公室，对她自己都有那么一点浪费了三个月的相处时间。起码应该把办公室里所有人的微信都加完再走啊！

其中有一个女生，大家也不知道她是谁，但是大家都对她印象最深，因为只有她走来走去都是抬头挺胸的，倒是她引起了整个办公室的注意力，不知道她是谁介绍来的实习生，但是大家会互相打听问起，这个女孩子是谁？哪里来的？跟着谁实习？工作能力怎么样？在我们这儿最不缺的一个岗位就是主持人，无数的学生想来实习当主持人，可是主持人哪是需要实习生的岗位？多少主持人还赋闲在自己的岗位上呢。

但是这位天天抬头走路的女生，愣是因为天天在大家面前出众地游走，让我们都记得了她。在一次拍摄中，因为主持人迟到，我们决定让这个女孩子做替补试一场。多少学播音学主持的实习生看见这一幕会吐血，这个年头学主持，除了去参加电视选秀节目还能出头上镜露脸展露口才，谁还给你这个机会？去实习都只能做一些不能太轻易展现口才的工作。最后这个女生就因为这次替补，顺利开始了她的实习主持工作。如果不是因为她天天抬头挺胸地走来走去，晃在我们面前，她可能现在还跟别的在办公桌默默对着电脑发呆的实习生一样，在默默发呆两个月之后回到学校里。

从被关注说起，这个女孩暂且不管能力如何，她的姿态已经对她起到了积极的作用。

在哪个圈子道理都是一样的，抬头做人的人容易被发现，低头做人的人容易被看起。说回主持人，大家都觉得很光鲜亮丽，台上言辞犀利的，大家甚至觉得他们在台下会不可一世，旁若无人。其实主持人也好，演员也好，他们更是抬头走路、低头做人的典范，为了让大家能经常想起他们，他们必须要保持必要的曝光率，所有经常要在屏幕上晃来晃去、能在屏幕上晃来晃去的人，肯定都是先得把握到这个机会，在剧组在节目组中在有决定力的人前晃来晃去。

大家不要先鄙视，话说，如果人家不晃来晃去，你猴年马月才会想得起这个人？但是，当你想得起这个人，又要用得长久的时候，这个人必须不让人讨厌，不让人讨厌的唯一技巧就是低头做人。所以很多人见到大牌的时候惊呼他一点架子都没有，他好有亲和力，他好 nice，这些都是他们长期保持魅力和人气的诀窍。

如果你看见一个大牌，他好高傲，他好拽，好不会做人，好不可一世，好旁若无人，那他离冷板凳的日子就不远了。

面子的资本

有时候出去吃饭，认识老板可能会不用排队，买房子可能可以打折，帮别人问事情可能会得到更好的回复。这些都是面子。

别人给面子不一定就是你能给别人多大的利益还是回报，也许就真是因为认识你。我们有时候办事，对自己认识的人，哪怕是多打一个招呼，不也让人觉得亲切很多吗？

自从有了社交工具后，很多社会活动家涌现，你会发现在朋友圈里面，他和很多人有交集。于是你也忍不住去点个赞，证明你们也认识。有两种人最有面子，这两种人都是因为认识的人多而有面子，一种是开饭店的，因为他们天天在饭店里呆着，要招呼各种客人，这种餐厅老板最有面子，因为他的店火爆，你认识他可以去他店里吃饭不用排队，还可以打折。吃饭的时候如果老板过来打招呼，还会让你觉得很有面子。另一种是公众人物和做媒体的，公众人物不用说了，别人都认识他，如果他认识你，你有面子。媒体是因为认识的人多，天天接触各行各业不一样的人，而且媒体手上、嘴上有“枪”，他们说话可以引起舆论。

研究一下，发现“面子”真是个有意思的词。要面子之前必须不要脸。我说的“不要脸”可不是做作奸犯科的事，而是放下自尊和架子，你得先把自己放得特别低，才能把自己的面子一点一点地放大。有一段时间我认识了很多网络主播，这些网络主播比起我们电视台的主播来说，显得无比不专业，甚至长相不好看，但是他们月入几十万过百万，我们是用尽脑子、膝盖、脚指头都想不出来，为什么他们会那么火，那么多的支持者，那么多粉丝。他们走在街上明明随时会被淹没在人群中，可偏偏有粉丝认得出他们，还要无比荣耀地合照、打招呼，前呼后拥。后来，他们告诉我一个规则，要在他们这个行当里面红火，只有一条法则，就是“不要脸”，不要脸还不够，要坚持不要脸。当他们不要脸地表演到一定程度，自然产生质变，认识他们的人多了以后，他们才有了面子的资本。

而后，才出现了卖个面子这样的事。说到底，女人们面子必须得有，这么多女人见到有面子的男人心动，不就是证明了面子的价值？当你看见一个女神被一个帅哥携带着的时候，不要去盯着人家那个帅哥，也不要去想女神靠什么妖术把帅哥迷惑，或许很简单，只是因为那位女神比帅哥要有面子。

把面子建立起来，让男人对你刮目相看，让男人对你俯首称臣吧。

背景是自己建立的

我们的出生固然不能改变，但是除了这个出生，我们所有的出身都可以改变，所有的背景都是自己建立的。

作为一个“富二代”、“官二代”固然好，但是他们的痛楚也很少人关注到。

我有很多“官二代”好朋友，他们有时候的行为模式真是让我啼笑皆非。我的一个同班同学，她爸爸是财政局局长，所有同学都猜想她家肯定很有钱。结果，她为了证明她家不是那么有钱，就很抠门！无独有偶，我另一个好朋友，她爸爸是军区司令，出入都有兵跟着，在我们都刚刚大学毕业，走路还带蹦的时候，她就开着名车上班了，可是每次同学们出去聚餐，我们都被要求和她一起AA停车费。

这两位朋友都有很好的背景，但是又实在是错用了方式去表明自己的立场和态度。有钱有权没有错，并非所有有钱有权的人都颐指气使，可是也不用畏手畏脚，急急甩掉社会负累的包袱。

看过一篇文章，一位企业家讲到和华人首富李嘉诚一起吃的一顿饭：

一般压轴出场的人物都会等大家到来坐好，才会缓缓过来，讲几句话。如果要吃饭，他一定坐在主桌，有个名签，然后企业界20多人中，相对伟大的人坐在他边上，其余人坐在其他桌，饭还没有吃完，李大爷就应该走了。如果李嘉诚是这样，我们也不会怪他，因为他是伟大的人。但是，让人非常意想不到的是，当客人进到电梯口，开电梯门的时候，李先生已经在门口等着客人，然后给客人发名片，这已经出乎我们意料——就是李先生的身家和地位已经不用名片了！

但是他像做小买卖一样给我们发名片。发名片后我们一个人抽了一个签，这个签就是一个号，就是我们照相站的位置，是随便抽的。

我当时想为什么照相还要抽签？后来才知道这是用心良苦，为了大家都舒服，彼此不分尊卑，否则照相也分个三六九等，肯定有人会不舒服！抽号照相后又抽个号，说是吃饭的位置，原因也是和照相一样。

最后让李先生说几句，他说也没有什么讲的，主要和大家见面。后来大家让他讲，他说我就把生活当中的一些体会与大家分享。

然后看着几个老外，用英语讲了几句，又用粤语讲了几句，把全场的人都照顾到了。他讲的是“建立自我，追求无我”，就是让自己强大起来建立自我，追求无我，把自己融入到生活和社会当中，不要给大家压力，让大家感觉不到他的存在，来接纳他、欢迎他。

之后我们就吃饭。我抽到的位置正好是挨着他隔一个人，我以为可以就近聊天，但吃了一会儿，李先生起来了，说抱歉我要到那个桌子坐一会儿。后来，我发现他们安排李先生在一个桌子坐 15 分钟，总共 4 桌，每桌 15 分钟，正好 1 小时。临走的时候他说一定要与大家告别握手，每个人都要握到，包括边上的服务人员，然后送大家到电梯口，直到电梯关上才走。

这就是他追求的无我，尊重在场的每一个人。我曾经现场看过他的一个演讲，当时没有文字稿给到我们，我因为和李先生打过几次交道，提出能不能给我文字的演讲稿，结果他马上交代一下助理，等我要离开的时候那个文字稿已经拿给我了。

后来我和中海油一个我们班的班长聊天提到这件事，他说老先生就是因为一生做人周到真诚，对所有的出现在他视线范围内的人非常尊重，所以很多人到了香港都愿意和他做生意，这就是钱以外的软实力。

于是，所有和他打过交道的人，都会去讲李先生如何好，形成这个意识之后大家都愿意把最好的机会给他，于是他越来越成功，这就叫软实力。

你想要一个什么样的背景，其实完全是由自己去建立的。不论社会如何嫌贫爱富，如何仇视财富，你可以做到的是让自己更平和，不显摆也不用伪装过分成抠门。

无形的家人后盾

我把我已经度过的人生分为三个阶段，一个阶段是18岁以前，一个阶段是24岁以后，还有一个阶段是30岁以后。

在我的18岁以前，跟父母住在一起，家人就是父母。18岁以后我在北京上大学，家人就是当时在学校和社会上认识的大哥啊大姐啊小弟啊小妹的。

在我们上学的时候还没有“富二代”“官二代”这么明显的称呼出现，而且家里有钱、有权、有势力，似乎也不是像现在这样备受瞩目和让人反感。但是有一点是肯定的，有个好爸爸确实可以让人加分。从小到大我们的教育都是不鼓励我们去攀权附贵，但是在长久的社会分化差距拉大之后，我们又确实随波逐流地会对有权势和富裕的人投去羡慕妒忌恨的眼光。有一段时间，我观察身边的朋友，似乎都会对自己有一些做高官或者高管或者出手阔绰的朋友感到有优越感。

这真是一件很奇怪的事情，别人的权势财富名利跟你有什么关系呢？前几天莫言来广州演讲，其中讲到一个故事，据说很多年前他们家乡有个老乡挖到长白山人参，卖了几十万发财了，回到村里，家家户户都要请他吃饭，听他讲那发财的故事。那人穿了一件黑色的呢子大衣，始终没有脱下过，于是莫言猜测他依旧是个穷人，可能大衣里面依然是破旧的内衣。果然一段时间后，那人的表弟穿着这件呢子大衣出来被认出了，他说是表哥借了他的穿。

看来人人都希望交上有钱的朋友，希望能从交往中得到有益的合作或路子、信息。很多年前还有一个段子，说经常跟老板吃饭说明你快要发财了，经常跟领导吃饭说明你快要升官了。如果家里人就是老板和领导，那这个事情确实比较好，因为跟家人吃饭那是必需的。在我身边，确确实实，家人是老板或领导的朋友会混得有尊严。我们在这里讲尊严，不是炫耀，我跟闺蜜讲“无形的强势家人”这个概念，不是叫大家去充大头，冒充家里有大官，家里很有钱，我们不需要去冒充，因为每个人的大和小的概念不一样，每个人对有钱的概念也不一样。

经常看偶像剧的女孩更愿意冒充自己是贫困家庭出身，有着不为人知的苦痛一面，通过自己的努力艰难地生活在社会上。我不喜欢这样的剧情，这是特例，并不是每个灰姑娘都会遇到王子，王子只出现在灰姑娘去不了的地方,王子只会跟自己一样强势的人交往。这就是游戏规则。

我给闺蜜的忠言是，你必须强势，并且以强势的态度来保护家人，因为家人是你不可选择的背景，这种背景决定着你的出身，你不可以改变你的出身，但是你可以改变你的家庭，你可以用你的办法用你的智慧用你的能力将你的家庭打造起来，这跟我们出去交朋友一样，需要付出时间、金钱、心力。作为一个现代女性，你还要维护好你的形象，你的地位，你的王子，最重要的一点就是，把你的家人作为你的后盾，让他们成为保护你的力量。如果他们还不可以，你，是可以的。一切取决于你。

做一只被电过的小白鼠

据说多巴胺分泌得越多，才会越感快乐。有个试验就是，科学家用电去刺激小白鼠，让它产生这种冲昏头脑的物质，小白鼠就会窜来窜去，表现得异常兴奋，但是过了一段时间后，小白鼠就会变得很抑郁。再电一下它，它又会继续兴奋起来，但是兴奋过后，又会变得忧郁。

知道这个定律后，我对很多女性朋友做过快乐提醒，一旦发现她们这段时间情绪低落或者自己遭遇情绪低落的时候，就去找可以电到自己的物质和事情。

用这个方式确实可以保持一定的青春活力，让自己变得充满激情。充满激情这件事情是可以影响到别人的。我自己就很不喜欢和负能量的人在一起，我喜欢和每天都充满激情的人在一起。穷人只会教你怎么穷，牌友只会催你出牌，酒友只会叫你干杯，充满激情的人会让你跟他一样有活力，会让你跟着他的律动去兴奋。

跟有激情的人一起，去被电，被点燃，兴奋状态中的人总会要比沉闷的人显得年轻有活力。把自己变成有激情的人，会吸引来一大帮有趣、有活力的朋友，这些朋友会使你的生活更加多姿多彩。

前几天网上有个很火的帖子，说有两夫妻，没有孩子，四十岁后辞了工作，有一套五百万的房子，五十万股票，一年只花两万块。他们觉得自己这样很好，为了不乱花钱，几乎不跟朋友来往，也没有什么刺激性的行为，甚至因为不用与人过多交往和上班，连护肤品、服装都不用添置了。

看完之后我觉得好恐怖，这样的生活显然不是我要鼓动独立女性们去过的日子。太没有意思了，谁要日复一日地宅在家里到老？我们要过的是让别人羡慕妒忌追随的生活。

姐妹们不妨去做一个时常被电过的小白鼠。活跃起来，把气氛带动起来，让自己快乐起来。

什么？找不到可以电到自己的事情？怎么可能！你到底有没有张开你的眼睛，看看身边的朋友，他们都在做什么？能不能带上我一起去做呢？说不定就电到你了呢。

白日梦不是梦

我特别喜欢做梦，从小就是，特别是白日梦，可能是因为我不喜欢浪费时间，所以都用来想事情，想着想着就想多了。

后来我惊奇地发现，基本上我做过的白日梦都实现了。其实人的潜意识对人的行为有很大的推动作用，基本上每次白日梦都是对潜意识的一次催眠，你的每一个动作可能都在为这个潜意识服务，而且最终让你成为你自己想成为的人。

每次跟男人吵架的时候，不妨闭上眼睛想想美好的事情，哪怕是自己编造的一个梦，让自己冷静下来，你会发现，自己突然就会朝着能制造美好的方向去行动。比如你本来不想理他，却会突然想拉他的手；你本来想说几句 难听的话，变成了吴侬软语；你本来想弄死他，变成了热烈抱住他。

我们做的梦会影响我们的行为，睡着了的梦不能受自己控制，但是我们可以学会去控制白日梦。由自己随心所欲地去编造剧情，按照剧情的方向去发展。很多人在上大学之前，甚至是在大学毕业之前，又或者结婚前的生活都是由父母安排的。尤其是中国的80后、

90后这一代，父母养到二十多岁是很正常的。这在很多人眼中看来是一种幸福和幸运，但是在我看来那是一种悲哀，因为那代表你没有能力和机会去设计自己的青春和人生旅程。由自己设计的人生路不会怨天尤人，我经常跟我的学员说：如果你因为别人的鼓励才能发光，那么你只能是一个灯泡。

就算没有人为你编写程序，就算所有人都在阻止你到达你要去的地方，就算大家都在说你做白日梦，都不妨碍你的白日梦变成真！这就是马云说的，人总是要有梦想的，万一梦想成真了呢？如果连想法都没有，该怎么样去制定作战计划？

幻想在马路上遇到开着法拉利来跟你问路的帅哥，就会在自己一个人上街的时候化好端庄清新的妆容，仪态万千或活泼可爱地走在街上。因为对白日梦有所期待，就不会对自己松懈。做做白日梦，幻想嫁给一个有钱对自己又好，有着善良妈妈的老公，就会对没钱还苛刻的男人免疫，对婆婆心存美好念想而变得温柔体贴听话。

我曾经的白日梦是在我喜欢的每个城市都有一所属于自己的房子，可以收租可以自住，很多年以来这个白日梦一直以梦的形式存在，可是当30岁这年回头一看，原来我已经实现了这个白日梦，原来这些年我为我的白日梦做了那么多的工作，付出了的努力也竟然都有回报和成果。

如果不是有这样的白日梦，我又怎么会有这样的动力呢？

感谢我的白日梦，每到天色蓝蓝、阳光普照的时候，我又抬头看天，继续去做下一个梦。最让你兴奋的是，你知道你的白日梦终会实现，只是它在未来，让你的生活好生期待！

得体是给自己的赏赐

曾经年少也会被男人批评不够得体。无非不会做安排，天天迟到，口无遮拦，不会看人脸色，不给男人面子。

说到得体真是一个重大难题。到底得体讲的是什么！

你去百度一下，发现竟然没有得体的解释，但是得体总是和优雅、出色并列在一起，那么我们且当得体需要并列做到出色和优雅吧。

去朋友家聚会，我最喜欢打量女主人的言谈举止和交往方式，要让自己的先生乐意把朋友们邀请到家里来，首先家里要有个得体大方的太太，不需要事事亲自动手，但是作为女主人家的爽朗和自信总是让我感到很佩服。但凡没有小心眼的人我都觉得很得体，尤其是女孩子，要做到没有小心眼就更难，因为女孩总是比男孩要多虑多担忧生活细节，更多的是忧心忡忡自己家的男人跟别的女人交往。我见过的大方得体的太太们，总是自如地和先生的朋友们聊着天，也乐意把美女和自己的女性朋友介绍给自己的先生，并且安排得当，在公众场合从不吝啬对自己先生的称赞，也不烦恼别的女人对自己先生的多留意和热心。这种淡定从容的得体大方让自己的先生在朋友堆里也很有面子。

做女人，得体就是既得理又饶人。知道自己的理在哪里，于是大方自信。眼睛大，心眼大，可以不拘泥的地方都让步！

男人总喜欢得体的女孩。有一种女孩总是被男人看低，这种女孩爱玩，玩起来不拘小节，像电影电视里的外国女生一样和男生勾肩搭背，大笑干杯。跟男人的距离不是无止境的没有距离，跟每个男人都距离密切只会给男人一种随意的印象。如今的外国女生也不是都像电视电影里面的那样可以跟不熟悉或熟悉的男生干杯搭背的。再看看如今从国外来的女孩，有时候比国内的女孩子更得体，就算不是安静地站在一边淡淡微笑，也不会对人过分热情。

到了一定的年龄才知道，哦，原来过分热情也是一种不得体的行为；到了一定的年龄才发现，保持距离就是最大的吸引力，得体是给自己最好的赏赐。

最初的梦想

电影《老男孩》里面最让我感动的一句台词是：梦想是人和动物之间最大的区别。

没有梦想的人，找不到生活的动力。

我特别庆幸我上的是一个让我们永远对舞台充满梦想的大学，在这个学校里面，我们学会观察生活，开始幻想生活，于是便有了各种各样的梦想。我特别喜欢中央电视台一个公益广告语：心有多大，舞台就有多大。我到现在为止，都特别坚定一件事，就是只要你想，你就可以。

我上大学的时候，刚刚开始流行玩 QQ，QQ 里有很多不同学校但是特别聊得来的朋友，他们都是一帮学艺术或者向往艺术的同龄人。我们学校每个学期末都会有汇报演出，汇报演出的时候，我就请他们来看。一次是一个吉林艺术学院表演系的朋友，大帅哥，在我们学校的黑匣子剧场看完一场话剧之后，我和他在学校操场坐了很久，最初两个人一句话都没有说，当然不是因为我们两个心生情愫，而是两个人都沉浸在话剧里的演员的表演、台词、舞台调度中。突然，他朝着操场用台词腔大喊了一句："我要考中戏！"我转头看着他，嘴巴久久不能合上，因为当时他已经在别的学校上表演系了。他跟我说，在刚才沉默的那段时间里面，他想了很多，他觉得自己要突破，要离开东北，要来北京，要和一群志同道合一群对艺术对舞台有追求的小伙伴在一起。

那天晚上，帅哥念念叨叨地跟我在长椅上坐到凌晨，跟我说他的理想，说他的现状，说他想要的未来，他是那么渴望站在舞台上对着台下用心感受的观众演出。后来，他真的从吉艺退学了，又复读了一年，那一年他还是没有考上中戏，我都以为他将要放弃了。依然是每个学期末的时候，他来我们学校找我看戏，他说他还想考，考到超过了年龄不能再考为止。果然，第二年他考上了，他考上那年我都上大四了，后来我们没有再多的联系，直到三四年后的一天，我在街上看到他演出的海报。那是在一个大街上，我开车路过，看到一个广告牌，上面赫然有着他的大帅脸。我突然想起这个人，想起他曾经用台词腔大喊的那句："我要考中戏！我要活在舞台上！"

我突然有一种想哭的冲动，有时候我们总会忘记自己的梦想，总会感觉被现实难倒，被理想遗弃，被朋友忘记。我停在广告牌边想了很久，想起了朋友的梦想，想起他终于能实现他的梦想，想起我的梦想，想到自己总是难免懒惰难免抛弃理想的时候。

反复对比，有梦想的人真的会闪亮会发光，会吸引人，会成功。

我又想起我的一个闺蜜，她老公每次说起为什么会被她吸引的时候都会说，因为她是一个有梦想的人！

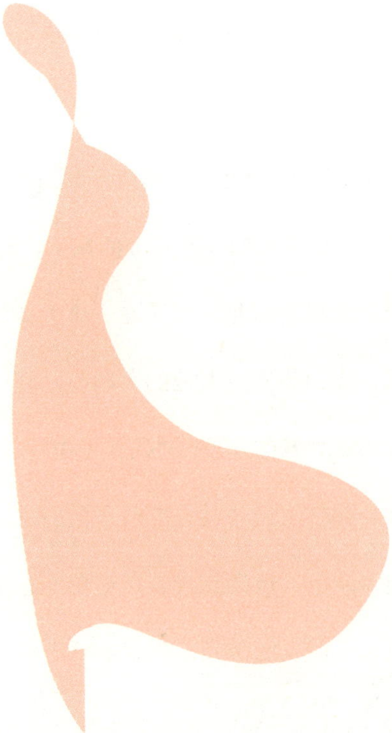

用男人的思维看世界

在美国哈佛大学的商学院，有一门戏剧课，这个戏剧课很有意思，就是让大家即兴演戏，根据特定的场景，走未知的下一步。其实我们的人生何尝不是这样，貌似充满了设计，但是走到那一步的时候，又是充满未知的开拓性。

女人和男人最大的区别也许在于计划，男人是理性动物，在做一件事情的时候已经 PLAN 了一张网；女人是感性动物，总是走一步是一步。所以女人的耐受性要比男人强，女人的抗压能力要比男人厉害！因为女人不怕即兴表演，你看女人看起来好像随时就能来戏，可以哭可以笑可以怒可以撒泼可以撒娇可以做男人也会畏惧不前的事。作为女人，在性别上就已经比男人占了优势。一个男人如果能做到像女人擅长的即兴表演，这个男人会被认为是不可靠、不稳重的，不值得深信，因为你不知道他下一步会做出什么事。

所以，从这一点来说，上天对女人是有优待的，这种优待就是让你即兴发挥而无后顾之忧。如果女人既可以拥有女人的优势，又可以有男人的缜密独立思维的话，我敢说女人百战百胜，男人俯首称臣。

大部分的男人如果得知女人有心思缜密的事业计谋都会觉得大开眼界，很想去探听一下她的内心世界。就好像写书，只要书名能让别人觉得大有玄机，必定想去探究内里，至于里面写的东西和书名有没有关系，能不能让人看懂，其实不太重要。一本书的书名之所以如此煞费苦心，是因为书名确实与销售有很大关系。现在人买书的目的性大都不强，就像一个女人，男人接触的时候不一定带着目的性来，但是如果你展示出迷人的一面，就会有让男人想带回家继续阅读的欲望。

我的万人迷闺蜜都是因为这个原因使得追求者爆棚。女人除了把心思花在脸上以外，多出来的时间不一定要去打理男人，不妨巡视一下自己的事业方向，用发展的眼光看一看，有什么办法能做出女人也能做的事，用男人的思维想一下，如果我要做这件事，是否可以不考虑我的容貌和背景，不考虑我即将付出的结婚生子的时间，不考虑我的未来是否需要一个男人。当你真的把自己放在一个男人的位置上的时候，你通常会发现，你突然就心思缜密起来了，你突然就放开了好多不需要的包袱。

其实，一个现代男人，最需要的女人是那种能满足家庭需求、生理需求，还需要有共同的心理追求的陪伴对象。当你有一个女人的身体，又拥有着男人的处事思维，你可能就是男人希望朝夕相处的对象。

不如为自己打工

做老板是一份社会责任，有个广告，老板在办公室告别了所有员工后，自己从柜子里拿出了床铺，就地睡在办公室里继续自己的梦。

创业没有美感，整个过程的酸甜苦辣都在肚子里，追求的就是在得到赞美的那一刻的快感。

做老板不是为了赚钱，做老板是为了追求自己的内心价值。如果为了赚钱，做业务会是最快捷的方式。

谁说女人就一定是做老板娘的？当女人成为了老板，你就想想平时男人们是怎么伺候自己的老板的。

每个人都有过在职场伺候老板到泪崩的经历和情感。作为一个勇于鼓励姐妹们创业做老板的好闺蜜，我通常都会劝告姐妹们，还是自己做老板吧，在你没有结婚生小孩之前，在你刚刚结婚还没生小孩之前，在你生完了小孩之后。

不要再去想找个老板当老公了，也不要去想让你的老公去当老板，这两种都是不靠谱的行为。我的一位闺蜜，交往过多任大老板，最后得出一个结论，无论多大的老板，钱财都是数字，这一刻数字巨大，下一刻数字可能就变成负数。你交往的对象应该是个人，而不是一个职位一个工作行为。众多的姐妹们不死心，还是要尝尝与生意人交往的感受，我建议姐妹们先尝试一下自己做老板，当你把老板这个职位和行当领悟透彻之后，就会发现一切都是浮云。老板是一个甜酸苦辣的调味罐，让你百味交集。为什么做生意的人最会逢场作戏？因为他们知道没有什么是最终的结果，你能够拥有的只有一个过程，你能够留住的只有这个过程的感受，我们不知道结局，参与进去了只能一起 PLAY。

学会了做老板，自然就学会了谈恋爱，做老板是冲着财富自由的目标，实现自我价值，让人羡慕妒忌恨。谈恋爱一样，目标也是走入婚姻财富共享，实现美满无忧，让人羡慕妒忌恨。老板和谈恋爱的人的初衷都是一样的，但是并不是每个人都能够最终成功，我们能够拥有的只是你曾经当过这个老板，曾经拥有过这么多产业和员工，曾经决策致生死。谈恋爱我们能拥有的也只有其中的甜酸苦辣，你送我的礼物我送你的礼物，谁都不能预知就一定能达到目标。对目标太在意反而赚不到钱，谈恋爱如果对结果太在乎，可能中途就因为要得到这个结果而掰了。

我们的一生要的是一个过程，生命是用来折腾的，而不是一出生就等着养老。

你做老板和你要谈恋爱，都不是为了赚到足够多的钱和结婚生子，你做老板和谈恋爱，本来就是因为你的生命不用来做这些事就太无聊了。

既然这样，何必痛苦纠结一个结果呢，只管乐在其中吧！

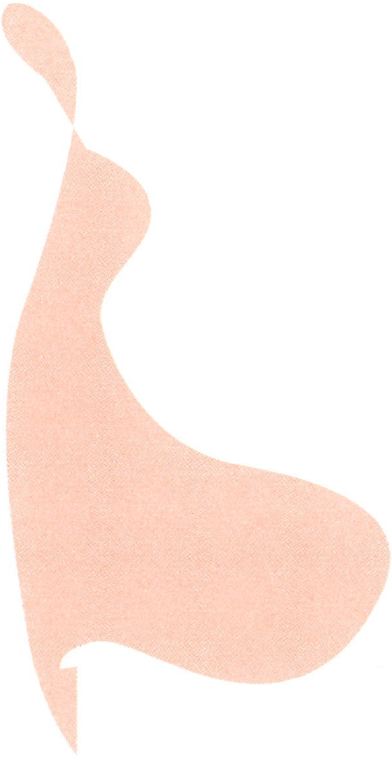

自我催眠的能力

我从小就会投资，听见什么会涨价，我就想囤。不知道是不是因为我总说自己会投资，我的亲戚朋友们就都觉得我会投资，时间长了大家都来问我投资什么好，怎么投资。这是一种自我催眠，你总催眠自己会投资，慢慢你就真的变成一个会投资的人了。

在我们的传统教育里面，我们看不起读书不好的孩子，似乎读不成书的人一定会成为社会的累赘，容易冲动、激动、闹事。但实际上，读书不好的小孩气魄可能更大，更容易成功，因为他们受到的束缚少。上学能够拿到的只是一纸文凭，但学历越高，风险意识越高，越不容易成为富翁或者大亨，因为太多的规定、既行规则让我们害怕开拓。

而我认为我们做成的任何事情都是因为自我催眠在做努力。一位前辈给我留过一本发达秘笈，秘笈是这样的，在一张纸上写出你认为最重要的东西。很多人会写上事业、爱情、健康、开心、旅游、父母、子女等等，前辈跟我说，当你的脑子里面认定了事业是排第一位的时候，自我催眠就已经对你自己开始作用了，但是后面的所有你认为重要的东西依然会干扰你，让你的事业心总是在开一点小差。你知道马云的发达秘笈是怎么写的吗？第一位是事业，第二位还是事业，第三位还是事业。先别说他是怎么做的，每个人的自我催眠能力都可以激发出未知的潜能，让你抓住别人发现不了的机会，让你一根筋地去挖一口别人都觉得不会出水的井，让你做出你自己都不敢相信的选择。

我的领导有一天跟我说，爱情和事业就好像我们的父母，缺一不可，缺了，你就是单亲家庭。爱情和事业并存并不矛盾，但是我们常常把这两个词摆放在一起，造成了爱情出现的时候好像会与事业有冲突的假象。其实这也是潜意识在作怪。因为大部分人认为爱情和事业是平等的，所以爱情和事业总在你的天平里争抢第一。有一天你睡觉前，突然发现就算是父母，也有跟你关系好的一方和关系不那么好的一方，然后再想想你的事业和爱情到底谁在第一位，清楚了之后，你用笔和纸写下来。第二天开始直到三个月后，你就会发现，你所有的选择和步伐都清晰起来，不会再为事业和爱情的天平左右倾斜而烦恼。

又回到前辈的发达秘笈，他再问我，你的理想是什么？我说我的理想是有一个自己的基金。前辈说，不够，具体一点。我说一个以自己名字命名的基金，可以帮助一些人完成他们的理想。前辈继续说，还不够，你的基金需要多少钱才可以成立？你想想自己到底要什么？如果是要赚钱，赚的是多少钱？如果是要一个成果，这个成果具体起来是什么？当你将一个理想或者一个梦具体化，然后用笔和纸写下来，签上名字后，终有一天你会完成这个想法。

提醒各位，自我催眠一定要用在正能量健康的地方，负能量的想法如果一直跟着你也是会实现的，香港演员罗慧娟，曾经在人生最低谷的时候就天天向上帝祈祷自己得癌症死去，后来就真的得了癌症。

如此想来，我确实靠着自我催眠的能量一路走来，真的完成了那么多一个又一个的理想。抛掉那些负面，让我们抱着健康的正能量去催眠自己吧，姐妹们。

你也可以是天使投资人

长得可爱的女人不仅是天使，如果你还心地善良愿意资助别人，那你简直就是天使投资人。

我见过的大部分可爱、美丽的女性都愿意做天使投资人，投资在自己的兄弟姐妹身上，投资在下一代身上，甚至投资在男朋友、另一半上。当然这种投资，大部分人的收益不高，甚至失败的案例很多。如果失败，那是因为你没有用商业眼光去对待这件事，假如你从一开始就用商业的眼光去对待每一次天使投资，那么你应该是一个魅力四射的社交弄潮儿。

所谓的天使投资是一种概念，所有有闲钱愿意做主业外投资的公司或个人都可以叫天使投资者，他们更多参与早期容易参与的项目，也有天使敢于投资大项目，不过一般受资历和个人能力范围限制或各种因素干预而不能如愿。

“天使投资”一词源于纽约百老汇，特指富人出资资助一些具有社会意义演出的公益行为。对于那些充满理想的演员来说，这些赞助者就像天使一样从天而降，使他们的美好理想变为现实。后来，天使投资被引申为一种对高风险、高收益的新兴企业的早期投资。相应地，这些进行投资的富人就被称为投资天使、商业天使、天使投资者或天使投资家。那些用于投资的资本就叫天使资本。

我经常会去问别人的梦想是什么，如果和一个有远大理想与造梦能力的朋友在一起，我不自觉就会爆灯。一个内心有梦想的人总是会去想如何去实现自己的梦想，所以每天都会充满斗志和希望，充满想法和行动。只要是一个有梦想的人，我们都值得投入时间、精力和金钱去与他交往。

电影里的老男孩都会说：梦想是人与动物最大的区别。

突然之间似乎身边所有的人都在谈论创业，曾经创业是学习成绩不好的人的选择，如今成了胆量与勇气、才识和社会机会的爆发。

在中国互联网圈里，熟人投资是天使投资里最常见的一种，包括雷军等人也数次说过“只投熟人，只投资朋友或者朋友的朋友”。因为在创业的天使期甚至种子期，很多创业者都只是有一种想法而已，没有团队也没有产品。投资人能考量的就只有创始人的能力、人品和从业背景。创始人的口碑就起了非常重要的作用。

不要去看不起曾经创业失败的人，也不要惧怕自己的创业失败，而实际上连续创业者更为容易获得投资。“如果他们失败了一两次，他就更知道创业的坑在哪里，创业就更容易成功。”

我总相信自己是天使，即使我失败过，即使我遇到重重困难，但是我坚信我一定能跑到终点，这样逆着一点风，比顺着风跑步更不容易跌倒。

只要你肯走出第一步，是付出一定有回报。做一个知善而行的投资人，从不怕失败开始，你一定可以得到更大的赏识。

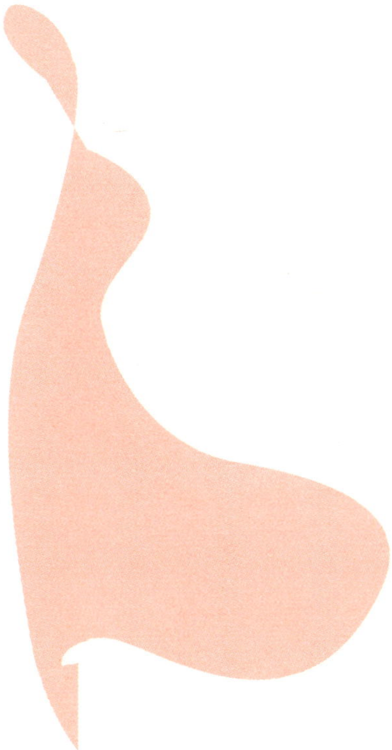

30岁的女性创业惊喜

女人到了30岁还没有结婚，会突然发现自己看得上的男人不是已经结婚就是已经离婚，到了这个年龄的女人不再重点追求相貌、浪漫，更多希望能找到一个有事业心，最好已经处在事业稳定阶段的男性伴侣。

30岁的女人也处在事业稳定的阶段，当公司的同事不约而同地将自己放在“姐”的位置上的时候，心中唯一的不稳定因素就是——空虚。上哪去找炫耀和依赖的归属？

这个时候的女人要么就是找个男人结婚生小孩打发时间延续梦想，要么就是利用自己的聪明才智美貌继续在这个花花世界走一遭，寻找到一份自己愿意发扬光大并且赖以生存和炫耀的事业。

在这个连博士生都沦落为代购的年代，如果你还只停留在最没技术含量的倒买倒卖的阶段，那是绝对不可能得到高质男赏识的。高质男是最势利最现实的群体，但凡是学历越高的男人，越现实利益化，哪怕是在男女感情之间，只有利弊的衡量，不存在对错之分。

一位清华毕业的才子，可能更在乎的是岳父的地位和老婆的背景，他可以对你很好，但同时更关注对你好还能得来的利益。当然这种利益可能是双方共同拥有的。而相反，我们一般人时常带着不屑的表情说出的“土豪”，或者是学历不高的“富二代”，他们在感情的付出上更加的无私，他们通常可能会带着中国传统的思想和自大骄傲，但在金钱和感情上为自己照顾的女性提供更多的关怀而不至于太小心眼。

总的来说，要做一个得到男人宠爱欣赏的女性，一定要有自己的事业，并且将80%的身心投入到这份事业中。

在我的青春年代，曾经因为年少无追求，把时间浪费在追寻男朋友的踪迹上，后来等到同学们纷纷在自己的学业上有所作为的时候，才发现我那段恋爱的时光让我错过了很多的机会。当然恋爱给你带来的是另外一种成长，但是，如果我们从一开始就遇到对的人，这种方向的成长意义就并不重大了。

在我22到30岁的这段时光中，我花费了很多的时间在我的工作和专业上，我把它当成一段恋爱，虽然有苦有累，但是它确确实实地给了我很多的收获，让我收获了专业上的成果。

男人和女人本来就没有区别，去追求自己的事业吧，做一个脑子会灵活转动的女性，让你的男人去崇拜你，让他感受到身边的你跟他一样充满冲劲。

女人如果把自己的炫耀点和依赖点放在男人身上，失败的几率可能比女人创业失败的几率要大很多。那还不如创业，至少30岁的你，事业才是你更有魅力的保障。

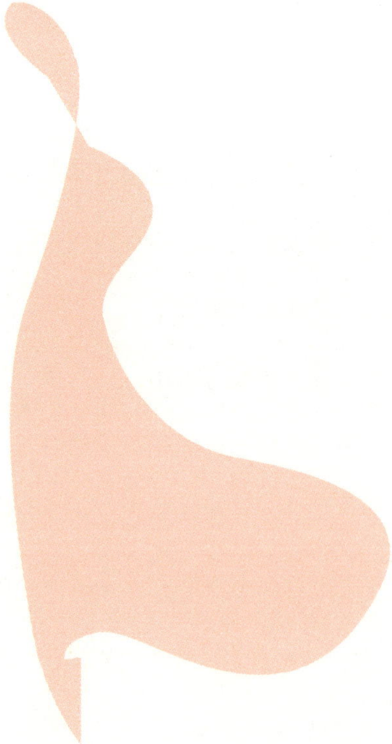

每天做着身价过亿的梦

我有一个闺蜜，曾经有三个算命先生说她身价会过亿。

这也许是一个美好的预言，但是这个预言影响着她的生活和选择。

一位女友，遇到一位她认为发展、估值会很好的男人，后来投入感情后发现与理想差距很远，该男不是女友在初相识的时候那般认为的有钱、有权、有势力。在女友陷入爱情中深深不能自拔的时候，闺蜜们也有好心的提醒，不忘初心，方得始终。

闺蜜们的意思是，如果你一开始是因为这个人的钱权势而喜欢上的这个人，那么希望你不要忘记最初自己选择他时的想法和心态，这样最终才能得到自己最初想要的结果，而不至于过程中太多想要却不能得到的痛苦。

闺蜜有时候是让人又爱又恨的物种，她们跟你说的话永远没有对错之分，因为她们都是拿着自己的地图在给你指路，你又怎么能说她的路是错或是对呢？因为是她的地图，你的路，你要听着她的导航去走自己的路，要么就预备着最终迷路，要么就在到达终点后大骂导航的落后和傻帽。

一个初心，每天去温习一遍，才有可能让你最终实现。每天做梦，说的是一个花时间的概念，只要每天都做，梦会成真。就像我的一个男性朋友，他每天都梦想着能和他喜欢的每一个女孩都过得甜甜蜜蜜，和谐如意，而这竟然真让他做到了。他每天早上告别睡梦中的老婆，然后开车去接第一个女朋友一起上班，回到单位打卡之后，在办公室给老婆、第一个女朋友、第二个女朋友分别发信息，让她们注意天寒添衣。中午的时候约第三个女朋友吃饭，然后送第三个女朋友回公司。下午上班的时候，分别再给第二、第三个女朋友和老婆发信息，叮嘱她们多喝水，晚上早点回家，自己要加班，但是会尽快回去。下班后，他去接第一个女朋友下班，并且吃完饭，送回家后再约第二个女朋友出来看了场电影，在家楼下给第三个女朋友打完电话，上楼搂着老婆一顿猛亲，和老婆一起洗洗睡去。

不要觉得我说的是一个传奇，这是一个真实存在的男性，一般的女孩看完上述可能已经吐了，觉得心慌意乱，不知道自己的男人是不是也是这样做的。

当然这个例子跟我们要创业、要梦想、要做梦好像没什么关系。

我只是想告诉女人们，不要以为一个男人可以多崇高多神圣美好地对待你一个人，如果你要相信一个男人，就把他想象成一个身价过亿的梦，每天做，不要去戳穿他，不要去试图寻找什么真相，最后得到梦的那个人一定是你。

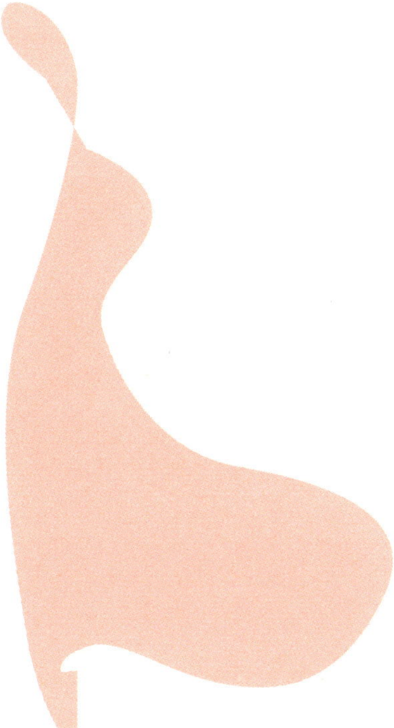

让你的家庭跟你一起有盼头

人不能独立生活在这个世界上，一定要搭建团队。

我曾经两次创业，都让我认识到团队的无比重要。

所谓的先成家再立业是因为，如果不把这件中国传统传承血脉的事情搞定，你在做事业的过程中就会跑出来一堆亲戚朋友，关心你的个人性福，关心你会不会有后代，还会揣测你做事业的意义。在我的概念中，要立业首先要把这些问题向自己的家庭团队解释清楚，以免在你的事业进程中你妈突然跑出来跟你说赶紧带个男朋友回家吃饭，而耽误了你跟很多有前途的男朋友吃饭。

家庭团队的支持不仅对男人很重要，对女人尤其重要，你得让你的家庭团队知道你在干吗，你不是在打一份每个月 25 号或 5 号出粮的工。你做的这份工作到底多有意思？除了为你自己，还能为你的家庭成员带来什么？你在你的这些工作和事业进程中得到的信息和知识、前景先得跟他们分享一遍，把他们安抚好了，然后你就没有后顾之忧了。

有一段时间我的领导说我多巴胺分泌过多，他说的这种多巴胺是一种会让人产生希望，觉得快乐的神经传导物质。他认为我太能折腾了，我的脑子不断分泌出这种物质，所以我总是充满希望，每次受到打击和挫败的时候，我就会拼命想出一个新的点子，然后试图去实现这个点子，在这个过程中我总是充满希望的，然后我把这种希望传递给我的家庭团队，让他们也感觉到快乐和希望。当他们的注意力放在跟我一样的方向的时候，他们就不会用自己狭隘的想法去禁锢我的发展了。

我依然还记得我上中学的时候，妈妈的愿望就是希望我做一个普通白领，每天在冷气房里办公，准时上下班，按部就班地学习、工作、结婚、生子。我打破她的想法是在我上大学后第一年，我告诉她，我们这个大学毕业的孩子们都不坐办公室，而且居无定所，通常三个月在这个地方拍戏，三个月在那个地方拍戏。我妈开始觉得很新鲜。后来我又告诉她，我们这个大学毕业的孩子们谈恋爱很快都散了，因为他们总是不能经常在一起，然后进每个剧组都会新认识很多人，另外一方也会认识很多人，他们拍戏的时候还需要代入感情，很容易就会喜欢上另外一个人。我妈开始有点担忧，但是她知道不用催促我去结婚了。后来我工作了很长一段时间，单身了很长一段时间，我妈开始有点着急，于是我告诉她，我现在在为自己做的事情积累资本，因为我身边的男生们普通得会让他的老婆孩子一起普通下去，优秀的会找一个同样优秀的才能走得下去。我不希望我的生活中要去等一个男人来接我下班我才能幸免于在公共交通工具中迷失，我也不希望找一个男人要求他每月给自己交家用，然后我拿着这些钱如同恩赐的美好再天天上菜市场。我身边优秀的男人，他们不需要担心自己的女人下班后会淹没在公共交通工具中，他们也不会担心自己的女人因为自己有应酬而守候在电话机旁边。

我要找一个优秀的男人为伴，我得先成为一个优秀的女人。于是，说服了家庭团队，接下来的一切都好办了。

投资就是把钱从银行拿出来

我是一个买房狂人，不知道是不是因为巨蟹座没有安全感的缘故，很多人跟我探讨过这个问题。我从大学毕业到现在 8 年时间里，我买了十套房子。我不相信男人，不相信自己，只相信市场和大环境。我不相信老了养老保险还够用，不相信老公会养我一辈子，不相信儿女会报答我的养育给我每月固定的收入，我也不相信自己能把钱存到老，更不相信存在银行里的钱跟得上通货膨胀的速度。这一切的不信任，让我只能相信，不动产起码能靠个几十年。

我没有炒房，所以我还没有靠炒房获得大量的现金。但是我把我的所有资金都从银行里拿了出来，寻找比利息更高的回报方法，顺便让我的人生在这种投资中与众不同一点。

“投资”意思是把你个人的金钱、时间或人脉资源都投入到你预期有利润或有令人满意的可回报的事物中去。我希望我身边的每一个闺蜜都放弃存钱，勇敢去做散财君子，用钱投资。

无数的网络帖子告诉女人们投资自己，用吃饭的钱去打扮自己就有人来请你吃饭，用睡觉的时间来锻炼身材，自然就会有人想和你睡觉。你用来投资给自己的钱，从来不会浪费。我的父母从来没有把他们多余的钱或者存了很多年的钱过给我，那是因为他们当年也没有拿这些钱投资在自己身上，如果他们当年拿着这些钱投资在自己身上，或许今天他们有更多可以用来分配的钱。

我是个存不住钱的人，我相信所有的被电商控制的女孩们都是存不住钱的，当有了一点余额的时候就会在“双 11”促销中被掠夺去一笔。不要以为钱放在银行里就是安全的，当有一天发现跟你一起上班的同事，本来应该存着跟你一样多的钱，但是突然他买了一辆你买不起的车或买了一套你无法触及的房子，甚至开了一家店，每天的收入可能就是你现在每个月的工资！每次遇到这种情况，真是想想都让人心痒。原来别人根本没有把钱放在银行里，别人的钱都在生钱，而你的钱在长毛。

人生就是这样，你看别人炒股炒得身价翻倍的时候，冲进去就泄洪了，自己输得渣都没有；你看存来存去的钱总是够不上一直在涨价的房子的首付，你每次在疑惑要不要这样做的时候，机会就跟你说再见了。对于钱我从来不存，投资给自己，自己的身价会涨；投资给事业，事业的经历是值钱的；投资给别人，让别人给你赚钱，其实也是一个好办法。

总之，女人在自己还能行动自如的时候，从把钱从银行拿出来开始，美容、美发、买车、买房、买保险、买基金，不要让男人觉得你闲着。

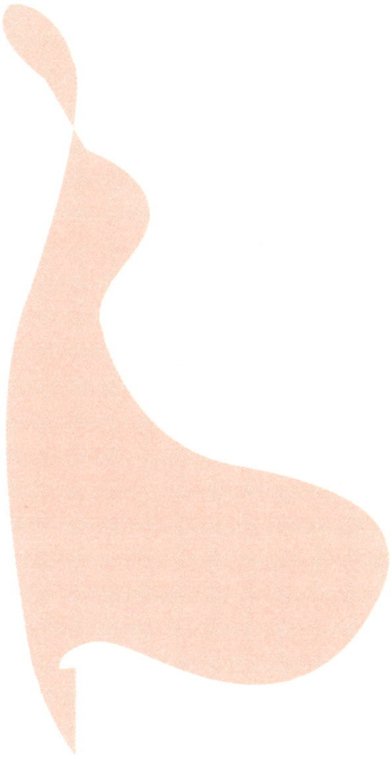

在咖啡厅从来没点过咖啡

在咖啡厅里呆着似乎成了一种时尚，一种态度的代表，跟你了不了解咖啡、喝不喝咖啡没有多大的关系。尤其是韩国的咖啡厅盛行之后，你发现在咖啡厅里好像还真没点过几次咖啡。

每个女孩都有一个开咖啡店的理想和愿望，大家都觉得守着咖啡店看来来往往的人群从自己面前走过，是一件很浪漫很优雅的事，但是从来没有想过其实开咖啡店是一件非常不优雅的事情，除非有大量的闲钱让你去浪费去浪漫去优雅。更多的时候，你在咖啡店享受所谓的优雅和时尚的时候，却忽略了背后的硬线条商业。

也有一种可能，大部分人都有为自己打造一件作品的想法，而咖啡厅恰恰是一件看起来比较综合的作品。就好像我认为每个人都有一个潜意识，就是自己必须在这个世界留下一件作品，但是不是每个人都具有创意，可以创造出建筑、美术、音乐、戏剧、电影等这些艺术作品？更多的人在创造商品。而更甚的人没有太多的想法，只是享受做一个默默的螺母的人，他们的作品则是自己的小孩，自己孕育出来的生命。这样就很好解释了，为什么有的人一定要生孩子，而有的人却不需要生孩子。因为有的人的作品就是自己的孩子，他和她这一生从有了这个作品开始，他们便会用上毕生的精力去打造这件作品。而有的人可以去做别的除了生孩子之外依旧可以留在这个世界上让别人知道你曾经存在过的作品，所以他们不需要孩子。

有时候我们去一个地方或者做一件事，并不是必需的，只是这个社会意识推动着你去做这样的事，你或许并不喜欢喝咖啡，但是人人都去咖啡店打发时间之后，你就再也接受不了坐在别的地方打发时间，而改成一定要去人来人往的咖啡馆。这个例子可以和我们为什么要结婚等同起来。其实结婚还真是一件没有什么必要去做的事，你想一下，现在的社会不像以前，以前是不结婚男女朋友就不能住在一起，不结婚就不能共同生活，结婚和不结婚最大的意义可能就是为了让生出来的孩子有个准生证和户口本。在中国，未婚生子是违法的，对不起你的小孩上不了户口。但是如果你抛开了生孩子这个事就会发现，结婚还真的没什么作用，结婚可以保障你的生活吗？不可以。可以保障你的财产分配吗？不可以。可以让你得到什么优惠吗？更不可能。结婚在中国一些城市甚至还有各种限制，没结婚每人还能买三套房，结了婚，两个人也就只能买三套房了，少了三个指标名额。这么看来结婚除了给孩子一个名分，真是一无是处。

注意了，结婚是给孩子一个名分，并不是给女人或者给男人一个名分。其实没有结婚的时候，你们已经“老公”“老婆”的叫来叫去了。不要太在意一个躯壳，关注在这个躯壳中的感受是否愉悦，就好像我们去咖啡厅，却从来不一定需要点一杯咖啡一样。

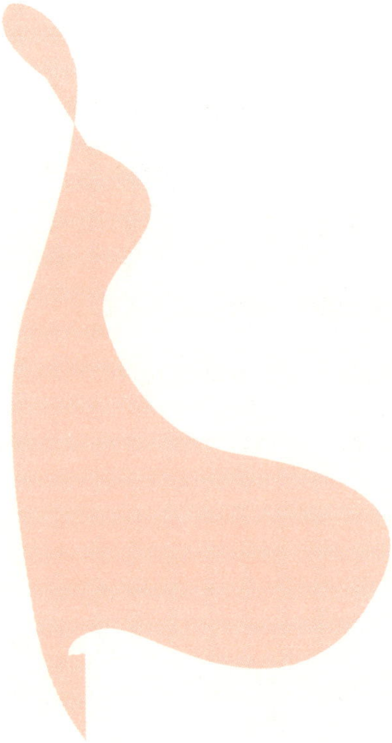

Q&A 女神

陈 扬 / 著名民生节目主持人

Q：你建议女性做什么类型的投资？

A： 投资自己的心情，然后高高兴兴回家去。做什么高兴就去投资什么。

王 平 / 文化传播公司总经理

Q：做老板最心塞的是什么时候？

A： 是我的团队里面有不同价值观的人，完全达不到共识，换也不是不换也不是。这让我很心塞。反而市场上的问题，我从来没有过任何烦恼。我认为我成功与否和市场没有关系，再差的市场，再变幻的环境，只要你的团队按你的价值观去打造一件事，一定成功。

Q：怎么理解做老板做到成功了？

A： 首先我认为成功不在于你的业绩是否成功，而是你的企业能否按照你预先设想的模式正常发展。如果你赢得了一个很大的项目，但是只是投机或者糊涂得到的，没有经历一定的过程，我不认为这种是成功。我理解的成功是我参与了整个过程，我的企业持续性地有未来地发展。

林 岗 / 著名媒体人

Q：你会因为老婆有房子，就不会去买房子了吗？

A：我不会因为老婆有房子就不买房子，男人始终还是希望有点自己的空间，长期在老婆的阴影底下很难生存。

Q：你会投资给什么样的人？会去找什么样的人要投资？

A：我见过很多投资人，大部分投资人都会投资给熟人，或者有一定的社会背景的人，这意味着他的投入安全性更高，但是投资人需要了解到一个项目，要靠创业者不遗余力地去宣讲，在任何一个能遇到投资人的地方迅速地打开关于这个项目的话题。如果我再去要投资，一定会去找对我项目的行业和领域很感兴趣，并且很希望得到我的资源配合的人的投入。

刘 宇 / 资深师兄、暨南大学法律系

Q：在现代社会，男人如何看待妻子或女友比自己强，社会地位、收入比自己高呢？

A：结婚前我不喜欢太强势的女人，反而结婚后觉得老婆就算社会地位和收入比自己高也无所谓。但是我知道有的男人很不能接受。

Q：男人是否有意识到自己在选择妻子的时候会受到母亲的影子影响？

A：绝对会的。大部分男人跟女人交往得越久，那个女人会越像自己的母亲，因为他适应了自己长大的这个生态环境，所以他找的老婆也会是类似自己母亲的同一种人。

Q：“我配不上你，你应该找到更好的人。”这句话从男人口中说出时，这个男人会是真心为女人好吗？能表示他已经不爱这个女人了吗？

A： 这绝对是一个借口。没有一个男人会伟大到他爱这个女人，觉得自己配不上她，叫她去找别人。反正我不会。

许建立 / 艺人经纪

Q：如果你的女朋友有靠山，你怎么看？

A： 就我个人心里话，当然希望自己女朋友最大的依靠是自己啦。例如说她遇到了一件事，第一时间想到的是找她男闺蜜解决，但明明这件事我也能处理。然后我就会表现自己生气呀，有点故意犯赌气，但不会很直接告诉她我不爽。因为男生都不希望表现得太小气，只是男人如果还爱那个女人，是希望自己就是她的守护神，如果不爱，就会推荐她找别人帮忙。

卢俊宇 / 《DV 现场》主播

Q：如果你爱一个女人，你会把你收入的多少给她？

A： 这里有一个前提，分两种。如果我爱一个女人，要看这个女人是不是我老婆，如果是我老婆，我无所谓，一个家庭，我把所有的钱、工资交给她都可以。但如果是我的女朋友，我不会。

Q：如果一个女人花了很多你的钱，分手时，你会不舍吗？

A：我做事之前会想清楚，不会后悔和犹豫。我真是中意她，就不会不舍得在她身上花钱的。如果要分手，都是已出之物，不舍得都没用啦！

马 骏 / 餐饮连锁企业总裁

Q：办公室里老板的相好怎么应付好？

A：按普通同事与之相处呗。尽量不要与之作对，工作还是第一。

Q：男人失恋后会意识到自己曾经的过错吗？

A：多少会有一点意识到过去做过的种种，如果一个男人分手后也不觉得自己有过什么过错，基本上这个男人也可以不用再留恋了。

后记
POSTSCRIPT

让人群看到你的女神范儿

综合了一百种既能生活幸福无忧，还能爱情饱满如意的女性生活方式，得出总结只有四个字：独立女性。

好多身边的女朋友跟我说，成为独立女性第一步，得去创业吧，甭管有资本没资本，打工还是赋闲在家中，赶紧去卖面膜。我对成为电商、微商这件事情一直不打击不抗拒不积极，那是因为要么没等到那阵风，要么那阵风过去了。

在风来之前做事，很容易白费工夫，除非你有足够的耐性和资本等到风来，在风口猪都能飞起来嘛。在风来之后做事，有很多激励的案例，但是市场被瓜分了一大块。不过有足够好的产品和自信，又有砸得下去的资本，几乎没有做不起来的事情。

微商时代最大的好处就是几乎不用资本，有几张图片就可以卖货了，钱来了我再出货。最大的产物，恐怕是各种身材相貌俱佳的女孩的暴富。常常听闻有各种女孩通过在朋友圈中代理销售面膜、珠宝、减肥产品等各种女性消耗品月入过百万的神话，它并不是不存在，这些女孩通常有一个共同特点，就是自身相貌条件佳，朋友圈交友广泛，不乏女性粉丝，并且热衷展示自己的独立生活的自由感与幸福感，各种人生巅峰状态的片段图片。

真的有这样的好事吗？确实有的，人脉可以让一个人无所不能。我认为在这个互联网时代，人脉已经不是稀缺资源了，你可以通过各种互联网手段，没有距离没有障碍地接触到你想认识的任何人，并且迅速和他或者这个群体熟络。这是个已经完全颠覆了过去依靠人脉这个稀缺资源和信息不对称来赚钱的时代。粉丝经济时代，只要你想，你就可以去交朋友。网络上提供了大量的社交软件，朋友圈中口碑销售的方式已经火了两三年了，我不确定这种形式还能持续多长时间，但是我知道，所有聪明的女孩子，已经可以依靠自己的朋友圈盘活自己的经济运营体系了。

女神来自人群，从人群中获取关注度，展示你的独立个性、独立生活的能力和独立运营朋友圈的能力。一个独立的女性，可以不再以他人的价值取向作为自己成功的标准。因为自从你成为独立女性后，标准就在自己的手中，你需要做的事情只是在足够多的人中间，让他们看到自己的理想和目标，并且跟随。